宝宝辅食
自己做

玲珑 / 主编

北京联合出版公司
Beijing United Publishing Co.,Ltd.

图书在版编目（CIP）数据

宝宝辅食自己做/玲珑主编.――北京：北京联合出版公司,2021.11
ISBN 978-7-5596-5580-6

Ⅰ.①宝… Ⅱ.①玲… Ⅲ.①婴幼儿—食谱 Ⅳ.① TS972.162

中国版本图书馆 CIP 数据核字（2021）第 191418 号

宝宝辅食自己做

主　编：玲　珑
出 品 人：赵红仕
责任编辑：徐　樟
封面设计：韩　立
内文排版：刘欣梅

北京联合出版公司出版
（北京市西城区德外大街83号楼9层 100088）
北京市松源印刷有限公司印刷　新华书店经销
字数80千字　　880毫米×1230毫米　1/32　4印张
2021年11月第1版　2021年11月第1次印刷
ISBN 978-7-5596-5580-6
定价：42.00元

辅食添加是孩子从吸吮到咀嚼，从流质食物到固体食物开始认知食物的重要过程。这一环节对孩子的健康和成长都有着至关重要的意义，做好这一时期的日常喂养、护理和保健，能让孩子身体的各项机能得到良好发育，使孩子拥有强健的体魄和充沛的精力。

当宝宝长到 6 个月大时，便差不多可以吃固体食物了。因为此时其出生时体内储存的铁元素已经消耗殆尽，宝宝从奶粉里获取的热量也远远不足以维持日常的消耗。这一年龄段的宝宝对所有新鲜事物都极有兴趣，他们更喜欢品尝新的食物。倘若再迟一些，他们的积极性则会降低不少。

辅食添加的目的是提供充足营养，促进健康发育。添加的食物应从一种开始逐渐过渡到多种。要按照宝宝的营养需求和消化能力，逐渐增加食品的种类。一开始，可以给宝宝单独添加一种与月龄相宜的辅助食品。尝试了 3 ~ 4 天或一周后，如果宝宝的消化情况

良好，排便也正常，那么就可以再让宝宝尝试另一种，千万不能在短时间内一下子添加多种食品。

花样辅食花样做，宝宝胃口大开长得壮。本书是一本6个月至3岁的宝宝辅食书，也是一本简单、实用的宝宝辅食书。根据宝宝在不同时期的身体发育特点和营养需求，为宝宝量身定做每一阶段的营养食谱，从食物的形态、口感及营养搭配方面都适合宝宝的消化系统，且能够保证宝宝生长发育所需。同时还介绍了辅食的基本知识、制作辅食的基本方法、添加辅食的常见误区、如何帮助宝宝养成良好的饮食习惯等实用性较强的内容。爸爸妈妈严格遵照宝宝每个月的发育添加辅食，就能轻松喂出健康、聪明的宝宝。

跟着做，辅食添加不犯愁

辅食添加步步来，基本原则要记牢 002

★ 宝宝要吃辅食的四个信号 003

★ 轻松度过断奶期 004

★ 妈妈们必须知道的食物过敏 005

★ 从 4 个月开始咀嚼训练 006

★ 1 岁以内的宝宝辅食不主动加盐 008

巧搭配，缺和补的难题不再有 009

★ 一两份蛋白质食物 009

★ 三四份淀粉食物 009

★ 四五份水果和蔬菜 009

★ 钙质 010

★ 一些健康脂肪 010

★ 一些富含铁质的食物 010

妈妈这样做，宝宝爱上吃饭 ························ 011

✱ 让吃饭变得有趣 ················ 011

✱ 进餐时应放松心情 ··············· 011

✱ 让宝宝品尝多种味道的食物 ············· 012

✱ 当宝宝拒吃固体食物时 ·············· 012

✱ 当宝宝不吃东西时 ··············· 013

添加宝宝辅食必备工具 ··············· 014

✱ 常用的厨房用具 ··············· 014

✱ 常用的宝宝餐具 ················ 015

辅食添加过程中常出现的问题 ·················· 016

✱ 宝宝的辅食最初该添加些什么 ············ 016

✱ 宝宝突然不爱吃奶，是想自己断奶吗 ············ 016

✱ 添加辅食后，宝宝为什么瘦了 ············· 017

✱ 怎么解决宝宝不爱喝水的问题 ············· 017

✱ 有家族过敏史的宝宝怎么添加辅食 ··········· 017

✱ 如何防止宝宝食物过敏 ·············· 018

✱ 宝宝为什么吃蛋白会过敏 ············· 018

✱ 还没长牙的宝宝要吃半固体的食物吗 ··········· 018

6月龄，米粉是第一口最佳辅食

6个月是添加辅食的好时机 ················ 020

✱ 满足宝宝生长发育的营养需求 ············· 020

✱ 宝宝吞咽能力的加强 ·············· 020

✱ 强化宝宝的消化功能 ·············· 021

★ 更好地帮助宝宝发展智力 ⋯⋯⋯⋯⋯ 021

★ 养成良好的饮食习惯 ⋯⋯⋯⋯⋯ 021

辅食的添加要点 ⋯⋯⋯⋯⋯ 022

★ 添加辅食不要着急，循序渐进慢慢来 ⋯⋯⋯⋯⋯ 022

★ 辅食添加要从少量到适量 ⋯⋯⋯⋯⋯ 022

★ 定点定时，使用汤匙 ⋯⋯⋯⋯⋯ 022

★ 辅食添加要"由稀到干""由细到粗" ⋯⋯⋯⋯⋯ 022

★ 宝宝辅食要少糖、无盐 ⋯⋯⋯⋯⋯ 023

★ 6 个月宝宝吃多少奶和辅食 ⋯⋯⋯⋯⋯ 023

★ 家长们不能错过的注意事项 ⋯⋯⋯⋯⋯ 023

需要添加的食物是哪些 ⋯⋯⋯⋯⋯ 024

★ 米粉打响首战 ⋯⋯⋯⋯⋯ 024

★ 孩子适应米糊后，逐步增加新食材 ⋯⋯⋯⋯⋯ 024

宝宝，来吃辅食喽 ⋯⋯⋯⋯⋯ 026

★ 原味米粉 ⋯⋯⋯⋯⋯ 026

★ 菠菜水 ⋯⋯⋯⋯⋯ 026

★ 胡萝卜汁 ⋯⋯⋯⋯⋯ 027

★ 胡萝卜水 ⋯⋯⋯⋯⋯ 027

★ 猕猴桃浆 ⋯⋯⋯⋯⋯ 028

★ 玉米汁 ⋯⋯⋯⋯⋯ 028

★ 西瓜汁 ⋯⋯⋯⋯⋯ 029

★ 雪梨汁 ⋯⋯⋯⋯⋯ 029

★ 番茄汁 ⋯⋯⋯⋯⋯ 030

★ 苹果汁 ⋯⋯⋯⋯⋯ 030

★ 红枣苹果浆 ⋯⋯⋯⋯⋯ 031

✹ 栗子奶糊 ················ 031

✹ 核桃杏仁糊 ··············· 032

✹ 玉米奶糊 ················ 032

7~8月龄，多尝试泥糊状食物

7个月要添加泥糊状辅食 ················· 034

辅食的添加要点 ··············· 035

✹ 增加辅食种类和数量 ··············· 035

✹ 辅食时间安排 ············· 035

✹ 为使牙齿坚固可给蔬菜棒 ··············· 035

✹ 家长们不能错过的注意事项 ··············· 036

需要添加的食物是哪些 ··············· 037

宝宝，来吃辅食喽 ············· 038

✹ 燕麦南瓜泥 ··············· 038

✹ 三色水果泥 ··············· 038

✹ 炖鱼泥 ··············· 039

✹ 豌豆糊 ··············· 040

✹ 小米胡萝卜泥 ··············· 041

✹ 哈密瓜泥 ··············· 042

✹ 鸡肝土豆糊 ··············· 042

✹ 豆腐蛋黄泥 ··············· 043

✹ 苹果泥 ··············· 044

✹ 蛋黄菠菜泥 ··············· 044

9~10月龄，提升食物的粗糙程度

9个月要添加半固体状辅食 ⋯⋯⋯⋯⋯ 046

辅食的添加要点 ⋯⋯⋯⋯ 047

⚹ 如何判断给宝宝添加半固体食物 ⋯⋯⋯⋯ 047

⚹ 宝宝的奶和辅食的比例为 4 : 6 ⋯⋯⋯⋯ 047

⚹ 香蕉可以作为软硬度标准 ⋯⋯⋯⋯ 047

⚹ 如何添加辅食 ⋯⋯⋯⋯ 048

⚹ 家长们不能错过的注意事项 ⋯⋯⋯⋯ 048

需要添加的食物是哪些 ⋯⋯⋯⋯ 050

宝宝，来吃辅食喽 ⋯⋯⋯⋯ 052

⚹ 核桃蔬菜粥 ⋯⋯⋯⋯ 052

⚹ 牛肉白菜汤饭 ⋯⋯⋯⋯ 052

⚹ 金枪鱼南瓜粥 ⋯⋯⋯⋯ 053

⚹ 茄子稀饭 ⋯⋯⋯⋯ 053

⚹ 鲜鱼豆腐稀饭 ⋯⋯⋯⋯ 054

⚹ 鲜虾汤饭 ⋯⋯⋯⋯ 055

⚹ 土豆稀饭 ⋯⋯⋯⋯ 056

⚹ 鸡肝面条 ⋯⋯⋯⋯ 057

⚹ 菠菜小银鱼面 ⋯⋯⋯⋯ 057

⚹ 排骨汤面 ⋯⋯⋯⋯ 058

⚹ 鸡肉包菜汤 ⋯⋯⋯⋯ 059

⚹ 胡萝卜豆腐泥 ⋯⋯⋯⋯ 060

11~12月龄，慢慢加大辅食的量吧

11个月要添加固体状辅食 062

辅食的添加要点 063

✹ 满足宝宝体内碘的需求 063

✹ 补硒是关键 063

✹ 少吃多餐 064

✹ 如何添加辅食 064

需要添加的食物是哪些 065

宝宝，来吃辅食喽 066

✹ 莲藕丸子 066

✹ 口蘑蒸牛肉 066

✹ 肉末茄泥 067

✹ 鱼肉馄饨汤 068

✹ 鸡肉玉米粥 069

✹ 海带山药虾粥 069

✹ 蒸豆腐丸子 070

✹ 金枪鱼丸子汤 071

✹ 蔬菜脆片粥 072

✹ 鸡肉包菜饭 072

1~1.5岁，能吃整个鸡蛋啦

妈妈要注意的喂养难题 ………………… 074

★ 怎么改掉孩子边玩边吃的坏习惯 ………………… 074

★ 宝宝缺微量元素怎么补 ………………… 074

★ 宝宝不爱吃蔬菜怎么办 ………………… 074

★ 如何培养孩子自己吃饭的习惯 ………………… 075

★ 良好的饮食习惯怎样培养 ………………… 075

饮食营养同步指导 ………………… 076

宝宝，来吃辅食喽 ………………… 078

★ 肉末包菜卷 ………………… 078

★ 白玉金银汤 ………………… 079

★ 鱼肉蒸糕 ………………… 080

★ 蒸肉丸子 ………………… 080

★ 牛肉猪肝泥 ………………… 081

★ 猪肝炒花菜 ………………… 082

★ 牛奶面包粥 ………………… 083

★ 鸡肉口蘑稀饭 ………………… 083

★ 海鲜炖饭 ………………… 084

1.5~3岁，尝试像大人一样吃饭

妈妈要注意的喂养难题 ………………… 086

★ 为什么给孩子食补较为健康 ………………… 086

✹ 宝宝营养不良吃什么 ┈┈┈┈┈┈┈┈ 086

✹ 宝宝为什么胃口不好 ┈┈┈┈┈┈┈┈ 087

✹ 为什么宝宝吃水果要从果汁开始 ┈┈┈┈┈┈┈┈ 087

✹ 宝宝为什么会磨牙 ┈┈┈┈┈┈┈┈ 087

✹ 用什么方法烹调食物最适宜现阶段的孩子 ┈┈┈┈┈┈┈┈ 088

饮食营养同步指导 ┈┈┈┈┈┈┈┈ 089

宝宝，来吃辅食喽 ┈┈┈┈┈┈┈┈ 091

✹ 苹果椰奶汁 ┈┈┈┈┈┈┈┈ 091

✹ 裙带菜鸭血汤 ┈┈┈┈┈┈┈┈ 092

✹ 三文鱼泥 ┈┈┈┈┈┈┈┈ 093

✹ 莲子红豆米糊 ┈┈┈┈┈┈┈┈ 094

✹ 芋头豆腐汤 ┈┈┈┈┈┈┈┈ 094

✹ 彩蔬蒸蛋 ┈┈┈┈┈┈┈┈ 095

✹ 香菜冬瓜粥 ┈┈┈┈┈┈┈┈ 095

✹ 什锦炒软饭 ┈┈┈┈┈┈┈┈ 096

✹ 培根炒软饭 ┈┈┈┈┈┈┈┈ 097

✹ 清蒸红薯 ┈┈┈┈┈┈┈┈ 097

✹ 南瓜馒头 ┈┈┈┈┈┈┈┈ 098

添加功能性辅食，长高益智不生病

补 钙 ┈┈┈┈┈┈┈┈ 100

✹ 京都排骨 ┈┈┈┈┈┈┈┈ 100

✹ 豆皮炒青菜 ┈┈┈┈┈┈┈┈ 101

✹ 鳕鱼片 ┈┈┈┈┈┈┈┈ 101

补 铁 ·············· 102

　✹ 香菇烧豆腐 ·············· 102

　✹ 虾味鸡 ·············· 103

　✹ 肉末炒芹菜 ·············· 103

补 锌 ·············· 104

　✹ 鸡肉青菜粥 ·············· 104

　✹ 蒸白萝卜肉卷 ·············· 105

感 冒 ·············· 106

　✹ 金银花萝卜汤 ·············· 106

　✹ 葱白姜汤 ·············· 106

　✹ 鸭肉干贝粥 ·············· 107

咳 嗽 ·············· 108

　✹ 雪梨枇杷汁 ·············· 108

　✹ 银耳炖雪梨 ·············· 108

　✹ 薏米绿豆百合粥 ·············· 109

　✹ 绿豆雪梨粥 ·············· 109

腹 泻 ·············· 110

　✹ 西芹丝瓜胡萝卜汤 ·············· 110

　✹ 土豆鸡蛋饼 ·············· 110

　✹ 丝瓜鱼肉粥 ·············· 111

跟着做，
辅食添加不犯愁

对宝宝来说，辅食是未曾接触过的新事物，机体会有一个识别和认同的过程，因此应循序渐进，在数量和品种稳定的基础上逐渐增加。

辅食添加步步来，基本原则要记牢

随着宝宝慢慢长大，只靠母乳是不够的，这时，家长们要给宝宝添加辅食了。辅食直接影响到宝宝的营养补给和生长发育，所以，添加辅食也要有科学规划！

不同阶段的辅食添加概况

月龄	6个月	7~8个月	9~10个月	11~12个月
进食方式	吞咽、舌碾	牙床咀嚼	牙龈咀嚼	牙齿咀嚼
软硬度	稠糊状	泥状	碎末状	软颗粒状
添加品种	菜汁、果汁、米粉、蛋黄、米糊、麦糊、菜糊、鱼泥	蛋羹、稀粥、菜末、肝泥、水果片、豆腐末	烂面条、碎菜、稠粥、蛋羹、肉末、肝泥、饼干	烂菜、碎肉、全蛋、豆制品、软饭、馒头等
供给的营养素	铁、钙、维生素、动植物蛋白	铁、锌、维生素、动植物蛋白	钙、镁、动植物蛋白	硒、钙、镁、糖类、蛋白质、维生素、膳食纤维
每天吃母乳/配方奶的次数	保持原有次数（6~8次）	减少一次（5~7次）	又减少一次（4~6次）	再减少一次（3~5次）
每天辅食餐次	1~2次	2~3次	约3次	3~4次

宝宝要吃辅食的四个信号

一般从 6 个月开始就可以给宝宝添加辅食了。由于每个宝宝的生长发育情况不一样，个体差异也不一样，因此，添加辅食的时间也不能一概而论。当宝宝发出以下"信号"，就提示妈妈该添加辅食了。

信号一：体重轻了

是否给宝宝添加辅食还要考虑到宝宝的体重。增加辅食时，宝宝的体重需要达到出生时的两倍，至少达到 6 千克。如果宝宝的体重达到了这样的标准，那么就可以考虑给宝宝做辅食了。

信号二：宝宝发育成熟

当宝宝能控制头部和上半身，能扶着或靠着坐，胸能挺起，头能竖起，宝宝可通过转头、前倾、后仰等来表示想吃或不想吃，那么也可考虑加一些辅食了。

信号三：宝宝有吃不饱的表现

比如说宝宝原来能一觉睡到天亮，但是现在经常半夜要醒一次，或者睡眠时间越来越短；每天哺乳的次数增多，或喂配方奶在 1000 毫升左右，但是宝宝仍表现出饥饿的状态，一会儿就哭闹。这时候是开始添加辅食的最佳时机。

信号四：宝宝有吃东西的行为

如果家长在舀起食物放进宝宝嘴里时，他好像会尝试舔进嘴里并吞咽下去，显示出高兴、很好吃的样子，说明他对吃东西感兴趣了，这时就可以放心地给宝宝喂食了。如果宝宝将食物吐出来，或者把头扭开，推开你的手，说明宝宝不想吃了，这个时候就不要再喂了，等过几天再试。

轻松度过断奶期

宝宝从6个月开始就可以添加辅食了，而妈妈们在宝宝6个月的时候也可以开始断奶了。那么妈妈们要想断奶，该怎么做好呢？

1 断乳初期应用大米代替米饭制作米糊

大米的味道比较清淡，孩子对大米不会产生反感，最重要的是大米几乎不会引发任何过敏症。第一次制作辅食时，使用大米有益于孩子的健康。

2 每隔 3~5 日添加一种新食材

断乳初期最好一次食用一种食品，每次添加一匙的量，如果孩子无不良反应，就慢慢增加食用量。每隔3~5日添加一种新食材，也就无须再为添加新食品的时间而烦恼了。一旦孩子出现不舒服的表现，就要停食几天，观察情况后再重新开始。

3 摄入富含蛋白质的食物

在继续提供母乳的情况下，还应喂孩子吃富含蛋白质的辅食。如果是喂食奶粉，一天只需准备600毫升，其余的部分用辅食来补充即可。孩子满12个月开始，就应该逐渐戒掉，可以换成鲜奶了。

4 制作营养素全面均衡的断乳食

孩子满周岁前，一天所需50%~60%的热量从母乳或奶粉中吸取。因此，一天应该提供600毫升的母乳或奶粉，分三次喂孩子喝。这个时期，家长应尽量让宝宝少量多餐、全面均衡地摄入碳水化合物、蛋白质、脂肪、维生素、矿物质等多种营养素。

一日三餐制的进餐安排

10~12月龄的孩子几乎可以接受所有的食物，可以和大人同时进餐，但是坚硬的食物、又辣又咸的刺激性调味料等还是不适宜过早出现在孩子的餐盘里。因此，妈妈们也要注意断乳食的选择。愉快、轻松的家庭就餐氛围也能让孩子喜欢食物，享受就餐的过程。

培养孩子正确的进餐时间观念

到了12月龄，孩子已经习惯了大多数食品，喂孩子吃断乳食不会花费太多的时间。不过孩子不吃断乳食，而是在一旁玩耍时，应说"不吃了"，然后果断地收拾餐桌。妈妈有必要通过果断的行动来告诉孩子，用餐时间都是固定的，让孩子有正确的时间观念。这一时期，孩子可以集中精神吃饭的时间也就20~30分钟，妈妈要抓紧时间利用好孩子的注意力。

从大人的食物中改变烹调方式来制作断乳食

当孩子开始吃饭时，大人偶尔会厌倦另外准备断乳食，这时就会用大人喝的汤拌饭或把大人食用的菜肴清洗一下后直接喂给孩子吃。但是，大人的食物口味一般都会比较重，不适宜孩子食用，因此，要尽量避免孩子接触这些食品。可以在准备大人的餐点，即制作汤或菜肴时，在未加入调味料前，取出一些作为孩子的食品，这样无须另外准备断乳食，省事又省力。

妈妈们必须知道的食物过敏

如果宝宝的父母或者兄弟姐妹患有过敏性疾病，如哮喘、湿疹和花粉热（过敏性鼻炎），那么宝宝很可能也会遗传这些疾病。避免宝宝患上过敏性疾病的最佳方法，是在宝宝出生后的前6个月只用母乳来喂养，而在6~12个月中仍将其作为主食之一。

家族中有过敏疾病史的，不要急于给宝宝换吃固体食物，也不要给宝宝吃那些大人也过敏的食物，除非你的宝宝已满1周岁。一般说来，奶制品、小麦制品、柑橘类水果、鸡蛋、鱼、贝壳、坚果等都是容易引起宝宝过敏的食物，所以当你给宝宝喂这些食物时应格外谨慎。而像芝麻、花生以及相关的产品（比如芝麻油、花生油），则务必等宝宝长到3岁时再喂。至于坚果，最好完全从宝宝的食谱中取消。

即使家族中没有过敏疾病史，也不宜给宝宝过早地断奶。在给宝宝品尝新食物时必须谨慎，要注意观察他有无过敏性反应。通常在几分钟内，各种过敏性反应就会出现：脸部长出皮疹（特别是在嘴唇附近）、打喷嚏、流鼻涕、咳嗽或喘息等。在极其偶然的情况下，宝宝甚至可能出现呼吸困难或者嘴唇肿大的症状，这时需要立即打电话叫救护车，送往医院救治。

如果宝宝对某种食物很反感，那说明这种食物难以消化。宝宝进食后很可能在几小时或者两天内出现腹胀、腹泻或者呕吐等症状。如果宝宝在吃下某种食物后，表现出上述症状，则应停止喂食，等过几个星期后再喂这种食物，此间应密切观察这些症状是否会再次出现。如果是，便应该将其从宝宝的食谱上取消。

需要再强调的是，有家族过敏疾病史，或宝宝曾经发生过过敏反应，家长在添加辅食前要咨询营养医生寻求科学指导后再喂食。

从 4 个月开始咀嚼训练

宝宝生来就有寻觅和吮吸的本领，但咀嚼动作的完成需要舌头、口腔、面颊肌肉和牙齿彼此协调运动，必须经过对口腔、咽喉的反复刺激和不断训练才能获得。因此，习惯了吮吸的宝宝，要学会咀嚼吞咽是需要一个过程的，逐渐增加换乳食物是锻炼宝宝咀嚼能力的最好办法。

咀嚼食物对宝宝的影响：咀嚼食物可以使宝宝的牙齿、舌头和嘴唇全部用上，有利于语言功能的发展；为宝宝1岁半时发声打好基础。

咀嚼训练的过程：

第一步

时间 4~6个月

训练重点 吞咽

添加辅食特点 半流质

可选换乳食物 米糊、果泥、蔬菜泥

宝宝由奶瓶食用改为小匙食用可能会不太习惯，千万不可因此就轻易放弃。

第二步

时间 7~12个月

训练重点 咬、嚼

添加辅食特点 黏稠、粗颗粒

可选换乳食物 碎肉、碎菜末、碎水果粒、蛋黄泥、手指饼

开始时，妈妈应先给宝宝示范具体的咀嚼动作，教宝宝咀嚼，还可用语言提醒宝宝用牙齿咬。

第三步

时间 12个月以上

训练重点 咀嚼后的吞咽

添加辅食特点 较粗的固体

可选换乳食物 水饺、馄饨、米饭，其他膳食纤维不多的成人食物

随着牙齿的健全，宝宝的咀嚼吞咽动作协调，渐渐地可以用牙齿咬

碎再咀嚼。这时应给宝宝吃较粗的固体食物，多吃粗粮。专家建议，从宝宝满 4 个月后（最晚不能超过 6 个月）就应添加泥糊状食物，以刺激宝宝的口腔触觉，训练宝宝咀嚼的能力并培养宝宝对不同食物、不同味道的兴趣。

6~12 个月是宝宝发展咀嚼和吞咽技巧的关键期，当宝宝有上下咬的动作时，就表示他已经初步具备了咀嚼食物的能力，父母要及时进行针对性的锻炼。一旦错过时机，宝宝就会失去学习的兴趣，日后再加以训练往往事倍功半，而且技巧也会不够纯熟，往往嚼三两下就吞下去或嚼后含在嘴里不愿下咽。

1 岁以内的宝宝辅食不主动加盐

宝宝不宜过早、过多地吃盐，原因在于盐是由钠和氯两种元素构成的。宝宝肾脏的发育还不成熟，肾小球内细胞多、血管少，因而滤尿面积小、浓缩尿液的能力差，所以肾脏不能够排泄过多钠、氯等无机盐，如果宝宝吃盐过早或过多，很容易使肾脏受到伤害。因此 8~10 个月以内的宝宝，应尽量避免吃盐。而且 8~10 个月的宝宝，食物以乳类为主，同时添加了辅食，这些食物中或多或少都含有一定量的钠、氯成分，可以满足宝宝对钠、氯的生理需要，所以不必担心不吃盐会对宝宝有什么不利影响。

一般 8~10 个月以后宝宝肾脏的滤尿功能已经开始接近成人，此时可以在辅食中添加少许盐分。因为适量的盐对维护人体健康起着重要的生理作用。盐是人们生活中不可缺少的调味品，又能为人体提供重要的营养元素钠和氯，且能维护人体的酸碱平衡及渗透后平衡，是合成胃酸的重要物质，可促进胃液、唾液的分泌，增强唾液中淀粉酶的活性，增进食欲，因此，宝宝不可缺盐。夏季宝宝出汗较多，或出现腹泻、呕吐时，盐量可略有增加。

但一定要酌量添加，不可过多。宝宝 6 个月后可以将盐量限制在每天 1 克以下，1 岁以后再逐渐增多。

巧搭配，缺和补的难题不再有

宝宝对于固体食物的需求会越来越大，同时对于奶的需求则会逐渐减少。当固体食物成为宝宝的主食之后，你需要给宝宝吃各种不同的食物，以保证其生长所需的各种营养。一份营养均衡、适合 9~12 个月大宝宝的食谱，应该包括下列食物。

一两份蛋白质食物

蛋白质是由氨基酸组成的，而氨基酸是宝宝生长以及宝宝身体细胞和组织修复所必需的。像瘦肉、鸡肉、鱼、蛋、乳酪、酸乳酪和豆腐都是蛋白质含量比较多的食物。蚕豆和豌豆也是有益健康的蛋白质食物，但都只含有少数几种必需氨基酸。当然，宝宝每天也需要吃一些谷类食物（大米、燕麦、糙米、玉米等）、坚果和种子，这样才能维持每日对氨基酸的均衡摄取。

三四份淀粉食物

碳水化合物是人体的主要能量物质。碳水化合物的最佳来源是淀粉类食物，比如燕麦、稻米、面包、大麦、裸麦。此外，小扁豆、蚕豆和根茎类也含有较多的碳水化合物。不要让宝宝吃那些纤维含量较高的食物。这些食物虽然很容易填满宝宝的胃，却无法满足宝宝的营养需求。精制的谷类食物，比如大米和馒头，则比较易于消化。

四五份水果和蔬菜

水果和蔬菜含有大量的维生素和矿物质，这些营养成分都是身体健康所必需的。同时，水果和蔬菜对于宝宝来说也是最好的膳食纤维来源。若想确保宝宝摄入的维生素足够多，一个好办法便是为其提供尽量丰富多样的水果和蔬菜。

钙质

在宝宝还没有断奶前，奶是体内钙质的主要来源。当奶水供应不足时，其他可作为钙质主要来源的食物包括：乳制品（干酪、酸乳酪等）、杏仁、巴西坚果、绿叶蔬菜和豆腐。

一些健康脂肪

脂肪含有丰富的热量，是宝宝成长过程中所必需的营养。母乳和配方奶粉中都有较高的脂肪含量。要经常给宝宝吃一些全脂奶、干酪、酸乳酪或者其他乳制品。宝宝所需的健康脂肪还包括不饱和脂肪，这种脂肪可从植物油、鳄梨、坚果、种子食物和含脂肪较多的鱼类中获得。建议选择 α - 亚麻酸含量丰富的油，如核桃油、亚麻籽油、优质菜籽油、大豆油、调和油等。

一些富含铁质的食物

铁对身体和智力发育都有十分重要的作用。宝宝经常会因缺铁而患上贫血症。如果你是用奶粉喂养宝宝，那你可以给他吃那种加铁的奶制品。铁含量较高的食物有动物肝脏、红肉、脂肪含量高的鱼类、蚕豆、绿叶蔬菜、干制果品（如杏仁）以及强化型谷类早餐。肉食里的铁质很容易被宝宝吸收。在喂食时，应将含铁较多的植物和富含维生素 C 的食物（番茄、柑橘类水果）一起喂，这样铁质更容易吸收。

妈妈这样做，宝宝爱上吃饭

饮食是人生中的一件乐事。很多父母都在应给宝宝选择什么样的食物，以及他吃了多少食物上过分忧虑。而在喂食时，他们的这份忧虑又转化为紧张，最后事与愿违。为此，你应该对宝宝的饮食抱有积极而放松的态度，这样才能使他尽情享受食物的美味。

让吃饭变得有趣

你可以允许宝宝用自己的小手抓取食物吃。虽然这会把食物弄得到处都是，不过宝宝会因此把吃饭视为有趣的游戏，并且这样一来宝宝吃下的食物要比你用汤匙喂的更多。宝宝会很乐意地用手指拣起豌豆或其他小份食物，然后放入口中。你可以把一些零碎的，能用手指抓着吃的食物放到宝宝身边，比如蒸熟的蔬菜、小块的鸡肉、小块的手工馒头等。

当宝宝想抓握汤匙时，不妨把汤匙递给他。让宝宝自己使用这只汤匙，而你则用另外一只汤匙给他喂食。虽然放任宝宝自己使用汤匙，很可能会给喂食添乱，但也不用过于在意。在宝宝每吃一口后，都不用急着给他擦脸和手，这样做只会让宝宝觉得食物是脏的或者是坏的。可给宝宝戴上一个围兜，在高脚餐椅下垫一张报纸，等吃完后再将围兜洗干净。

进餐时应放松心情

宝宝在吃饭时，需要父母坐在一旁陪伴他。这样做，一来可以增进你和宝宝的感情，二来（也是更重要的）可以防止宝宝被食物噎住。为了尽早让宝宝融入家庭就餐之中，你可以在吃饭时把自己盘子里的食物弄成小块喂给宝宝吃，也可以喂一些适合宝宝用手指抓着吃的食物。

应该多喂宝宝那些你自己也喜欢吃的食物。在给他吃那些你不喜欢的食物时，你必须慎重，因为这有可能会导致宝宝养成和你相同的毛病。你自己也必须养成一个良好的饮食习惯。如果宝宝看到你在早餐时吃水果，那么他也会养成类似的习惯。

让宝宝自己决定吃多少。宝宝的胃口每天变化很大，而且每餐之间也会有不小的差别。不要把食物强行塞入宝宝的口中，或者耗费很长的时间来劝说宝宝吃下最后一汤匙食物。宝宝很快就会发现：当他拒绝进食时，你会十分在意，这样喂食将很容易变成你和宝宝之间的"战争"。

让宝宝品尝多种味道的食物

要多给宝宝吃自己家里做的食物。许多买来的宝宝食品味道都很相似，而且都经过加工，细滑爽口。如果一个宝宝总是吃买来的食品，他便不能尝到家中自制食物的独特风味和口感。要是你总是只让宝宝吃某几种食物，那么他以后很可能不愿接受新食物，所以应该给宝宝吃多种食物。从现在开始，让宝宝品尝各种不同风味的食物吧。

当宝宝拒吃固体食物时

有些宝宝不怎么喜欢吃固体食物。如果在你第一次介绍固体食物给宝宝吃时，他好像不大感兴趣，那很可能是因为他还没有准备好吃固体食物。你可以再等一两个星期，给宝宝吃固体食物。

有些宝宝平时很爱吃固体食物，但也会时不时地拒绝吃固体食物，特别在生病或者长牙期间。当你遇到这种问题时，应该保持平静，千万不要着急。继续给宝宝提供固体食物，但是不要强迫他，让他自己决定吃还是不吃。在觉得合适时，大部分宝宝会重新开始吃固体食物，虽然有时需要几个星期才能完全恢复。同样，有些时候，宝宝只吃某几种食物，比如水果和烤面包，而其他先前常吃的食物却碰都不碰一下，这是正常现象。不过，你仍得给宝宝提供各种不同的食物，让他自己决定吃哪些。

如果能让宝宝与所有家庭成员一起进餐，则对其顺利进食会有很大帮助。只要坚持下去，最终你将重新唤起宝宝对新食物的好奇心。

当宝宝不吃东西时

有些宝宝要到1岁的后期才开始吃固体食物。只要宝宝身体健康，而且体重也在慢慢增长，那么，迟一点开始吃固体食物不会有任何问题。当然，要是你对此很担心的话，也可以去找医生咨询一下。如果宝宝已经8个月大，却仍旧对吃固体食物没有任何兴趣，你可以试着减少奶的供应量——宝宝每天所需的奶不会超过600毫升。

你应该持有这样一种观念：一个容易过敏的宝宝在1岁之内完全或基本上只依靠母乳喂养会更好。从营养学角度上说，宝宝从母乳中基本上可以获取所需的各种营养，唯独铁质可能会摄入不足。母乳的铁质含量虽然比较低，但比宝宝奶粉更容易吸收，所以单纯用母乳喂养的宝宝也能获得一定的铁质。

添加宝宝辅食必备工具

常用的厨房用具

食物料理机

食物料理机可为宝宝制作果汁和菜汁，或将食物磨成泥。食物料理机最好选择过滤网特别细且可分离部件清洗的。在使用之前要先用开水煮一遍，使用后也要彻底清洗。

榨汁机

宝宝需要食用果汁和菜汁，所以榨汁机也是必不可少的，最好选购有特细过滤网，可分离部件清洗的。因为榨汁机是辅食前期的常用工具，如果清洗不干净特别容易滋生细菌，所以在清洁方面要多加用心。

蒸锅

宝宝吃的很多食物都需要蒸制，蒸出来的食物口味鲜嫩、熟烂、容易消化、含油脂少，能在很大程度上保存营养素，所以蒸锅有很重要的作用。

刀具

给宝宝做辅食用的刀最好专用，并且生熟食所用刀具分开。每次做辅食前后都要将刀洗净、擦干。

小汤锅

煮汤、温奶时都需要汤锅。宝宝用的汤锅最好单独使用，大小合适，材料以不锈钢为主。也可以用普通汤锅，但小汤锅省时省能。

菜板

最好给宝宝用专用菜板制作辅食，要常清洗、常消毒。最简单的消毒方法是开水烫，也可以选择日光晒。

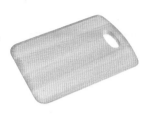

常用的宝宝餐具

食用碗

宝宝的食用碗最好选用平底、无毒、耐高温，既要便于宝宝使用，也要便于清洁、消毒。颜色漂亮的碗也可以吸引宝宝的注意力，增加宝宝的食欲。带盖子的宝宝食用碗也是不错的选择，既防尘，外出的时候也比较方便保存宝宝的食物。

勺子

宝宝的肾脏发育不完全，不能使用铁质和铝制的勺子，因为这些勺子可能会释放有毒物质，增加宝宝肾脏的负担。无毒、耐高温的塑料勺是宝宝的最佳选择。

水杯

宝宝从六七个月开始，就要慢慢练习用杯子喝水。宝宝用的杯子最好选用不怕摔、无毒、耐高温的塑料杯。另外，可爱的颜色和造型更能引起宝宝的兴趣。

辅食添加过程中常出现的问题

第一次做妈妈，缺乏经验难免会手足无措，在喂食这方面，就遇到了不少疑惑事。新妈上岗，先来上课吧！

Q 宝宝的辅食最初该添加些什么

A 世界卫生组织建议给宝宝添加辅食从宝宝6个月开始。首先可以给宝宝添加些米粉，如果吃一段时间没有过敏不适等反应，就可以添加一些菜泥、果泥、鱼泥、肝泥等。每个月添加不同的辅食，建议家长带宝宝到儿保门诊给宝宝做定期健康体检。

另外，宝宝体内储存的铁元素在6月龄时已经消耗得差不多了，所以，最初的辅食最好选择含铁量稍多一些的食物，比如强化了铁元素并添加了维生素 C 的宝宝米粉是个不错的选择，因为维生素 C 可以促进铁的吸收。

Q 宝宝突然不爱吃奶，是想自己断奶吗

A 1岁以下的宝宝有时候会出现没有任何明显理由突然拒绝吃奶的情况。这和宝宝的生长速度放慢有关，对营养物质的需求量减少了，对奶的需求量本能地减少。这个过程大概会持续一段时间。这段时间过去后，随着运动量的增加，奶量会恢复正常。这并不是"自我断奶"，所以不要贸然给宝宝断奶。一般来说，"自我断奶"是在宝宝已经吃了很多固体的食物，身体已经适应通过母乳以外的食物摄取到营养的情况下发生的。这种情况通常发生在1周岁以上。

Q 添加辅食后，宝宝为什么瘦了

A 如果孩子添加辅食之后瘦了，家长们可以注意看一下是不是因为以下几个方面，并采取相应的措施：

①奶量不够。

②辅食添加不够。

③辅食添加未适应孩子的消化能力。

辅食添加不当造成的生理上的影响：如不及时添加辅食，母乳或配方奶中的营养成分满足不了宝宝的发育需求，会影响其生长发育。

Q 怎么解决宝宝不爱喝水的问题

A 首先，作为父母，要以身作则多喝开水，在家庭里营造出喝水的氛围。可以在开水里加入果汁之类的宝宝喜欢的食物，然后逐渐减少加入的量，这样能让宝宝慢慢适应。

其次，想一些办法让宝宝对喝水感兴趣，比如跟宝宝做游戏，可以跟宝宝一起喝水，或给宝宝换上他喜欢的饮水容器。

另外，宝宝喝水时多给一些鼓励，让宝宝降低对喝水的抵触心理。

如果宝宝一时还不太接受白开水，可榨鲜果汁给宝宝喝。还可在每顿饭中都为宝宝制作一份宝宝的汤水，多喝些汤也可以补充水分。一定不要过分勉强而引起宝宝对喝水的反感。

Q 有家族过敏史的宝宝怎么添加辅食

A 有过敏家族史的新生儿或宝宝最好推迟 1~2 个月添加辅食，一般不宜小于 6 个月，且添加速度要慢，尤其是肉、鸡蛋等。一般在 3 岁之前应避免摄入鱼、虾、蟹及含有食品添加剂的食物。3 岁以后可先从一种食品少量开始，然后再逐渐增加食物的品种。

Q 如何防止宝宝食物过敏

A 宝宝过敏有两种可能。一种从理论上说，只要是含有蛋白质的食物，都有可能造成过敏。宝宝由于胃肠道黏膜的保护功能不完全成熟，容易发生食物过敏现象。另外一种食物过敏，则可能是由于人体对某些食物的特殊成分无法适应引起的。儿童对牛奶、大豆、鸡蛋、小麦的过敏反应可随年龄的增长逐渐消失。

对于有食物过敏的宝宝，可以延长母乳哺育的时间，至少到6个月；宝宝出生后第一年的饮食以低过敏的食物为主；一旦发现哪些食物有过敏反应，应立即停止食用；还应尽量避免食用含有高变应原的食物，如牛奶、有壳的海鲜（虾、蟹）、有壳的坚果（如花生）、麦麸等食物。

Q 宝宝为什么吃蛋白会过敏

A 1岁内的宝宝不宜吃蛋清，这是因为宝宝消化系统发育尚不完全，肠壁很薄，通透性很高，而鸡蛋清中的蛋白为白蛋白，分子小，可以直接透过肠壁进入宝宝的血液中，易引起一系列过敏反应或变态反应性疾病，如湿疹、荨麻疹、喘息性支气管炎等。建议1岁内不要在辅食中添加鸡蛋清。

Q 还没长牙的宝宝要吃半固体的食物吗

A 宝宝在五六个月的时候，是其口腔发育非常重要的时期，这个时候，宝宝开始有了咀嚼的动作，就证明宝宝有咀嚼东西的需要，一般有咀嚼动作后的宝宝的乳牙也开始萌发出来，以促进宝宝的咀嚼功能。实际上，这个时候给宝宝的嘴里放个东西（如奶嘴），可以刺激宝宝的牙龈，让宝宝不断地咀嚼，能刺激宝宝的口腔发育，以及牙齿的发育。

6月龄，米粉是
第一口最佳辅食

膳食餐次及食量安排

早上7点　母乳/配方奶

早上10点　母乳/配方奶

中午12点　各类稀糊状辅食

下午3点　母乳/配方奶

下午6点　各类稀糊状辅食

晚上9点　母乳/配方奶

共6次　母乳/配方奶 800~1000 毫升

辅食 105~210 克

注：餐次和食量随宝宝实际情况按需调整

6个月是添加辅食的好时机

宝宝在6个月以后就开始吃辅食了，虽然宝宝还要喝母乳或配方奶，随着他不断长大，身体需要的营养也越来越多，单靠母乳或配方奶很难满足营养需求，一不小心，宝宝就会缺铁、缺锌。所以，宝宝辅食的添加很重要。

满足宝宝生长发育的营养需求

宝宝在出生后的第一年是生长发育最快的时候。在这一年中，宝宝的身体和大脑迅速发育，需要全面的营养。在宝宝6个月以前，母乳中的营养就能够满足宝宝的需要；6个月以后，母乳提供的能量只能满足宝宝需要量的80%。宝宝出生时身体中的铁大约能维持4个月左右，母乳中所提供的铁元素非常少，所以，宝宝所需要的铁元素就需要通过添加辅食来提供了。如果不及时添加辅食以补充母乳中铁的不足，宝宝就会出现缺铁性贫血，给生长发育造成影响。

宝宝吞咽能力的加强

咀嚼和吞咽动作的完成需要舌头、口腔、面颊肌肉和牙齿的彼此协调，是需要对口腔、咽喉的反复刺激和不断训练才能获得的能力。因此，添加辅食是宝宝锻炼吞咽和咀嚼能力的最好办法。最开始的时候，宝宝掌握不好舌头的运用，常会用舌头把食物推出来，或者出现干呕的现象，这并不代表宝宝不想吃，而是宝宝的舌头和咽喉需要锻炼。只有经过一段时间的锻炼，宝宝的舌头和咽喉功能协调了，才能顺利地吞咽食物。

强化宝宝的消化功能

宝宝在刚出生的时候消化系统尚未成熟，只能适应乳类食物。随着宝宝逐渐长大，宝宝的胃容量也逐渐扩大，消化吸收功能也不断完善。一般来说，4~6个月大的宝宝已经逐渐完善了消化系统，可以接受辅食了。添加辅食不仅可以锻炼宝宝的咀嚼和吞咽能力，还能增加宝宝的唾液和其他消化液的分泌量，增强消化酶的活性。

更好地帮助宝宝发展智力

宝宝从一出生就具有许多原始反射行为，并通过听觉、视觉、触觉、味觉和嗅觉等与外界建立联系。这些联系需要不断完善和强化，才能为宝宝以后的生长发育打好基础。添加辅食可以让宝宝在学习吃的过程中促进嗅觉神经、视觉神经、听觉神经、吞咽神经和动眼神经等的开发和完善；不同硬度、不同大小和形状的食物还可以训练宝宝的舌头、牙齿和口腔之间的配合，对宝宝的语言能力发展也有帮助。

养成良好的饮食习惯

宝宝在6个月左右进入味觉敏感期，在这个时候及时添加辅食，尽可能让宝宝接触多种味道和质地的食物，能够有效预防宝宝日后偏食、挑食。宝宝的辅食要尽量清淡，少放糖，1岁以下的宝宝辅食不要加盐、鸡精、辣椒、花椒等调味料。从小吃清淡的食物会使宝宝终身受益。另外，给宝宝吃饭要定时定量，不要随意加零食，吃饭的时候要专心，不要看电视。这些习惯都要从小培养，有助于宝宝养成良好的饮食习惯。

辅食的添加要点

添加辅食不要着急，循序渐进慢慢来

给宝宝添加辅食要遵循"循序渐进"的原则，要一种一种慢慢来。每一种辅食给宝宝食用一周左右，等宝宝顺利接受了这种食物后再添加另一种；如果宝宝出现过敏等症状，也可以比较快捷地发现变应原，并及时做处理。

辅食添加要从少量到适量

第一次喂孩子吃辅食时，一天喂一次一小匙（15毫升）左右的米糊，随后逐渐增量，到了6~7个月，就能喂食3~4大匙（50毫升）。不能因为孩子喜欢吃辅食而骤增食用量，或骤减母乳或奶粉的供应量。

定点定时，使用汤匙

辅食需要三项规范，就是在一定的地点、一定的时间、使用汤匙。辅食一是通过提供丰富饮食来补充营养，二是培养孩子正确的饮食习惯。

辅食添加要"由稀到干""由细到粗"

宝宝辅食的添加应该从流质开始，慢慢过渡到半流质，再到半固体和固体食物。宝宝辅食的颗粒也要由小到大逐渐变化，让宝宝逐渐适应。一般来说，4~6个月的宝宝只能添加液体辅食，如蔬菜汁、水果汁等；7~9个月的宝宝可以添加精细食物，如烂面条、蔬菜泥、鱼肉粥等；

10~12 个月的宝宝可以食用小块儿食物；13~24 个月的宝宝可以食用大块一点儿的食物；25 个月以上的宝宝就可以食用常规食物了。

宝宝辅食要少糖、无盐

宝宝辅食中"少糖"指的是做辅食时尽量不放或少放糖。宝宝的辅食中少放糖或不放糖可以保留食物原有的味道，同时也能使宝宝适应少糖的饮食，以免日后产生肥胖的可能。1 岁以内的宝宝饮食中不能加盐，因为宝宝的肾脏不能排除多余的钠盐，加盐的辅食会加重宝宝肾脏的负

担。1 岁之后的宝宝辅食中也要尽量少放盐，培养宝宝清淡的口味，同时也可以避免宝宝挑食，减少成年以后患高血压的风险。

6 个月宝宝吃多少奶和辅食

如果是混合喂养，6 个月的男孩每次的奶量不能少于 180 毫升，女孩不能少于 160 毫升，三小时一喂，辅食也是一样。如果宝宝晚上 9 点多喝了一次奶，这一夜他可以睡到第二天的 6 点、7 点，这一个晚上可以不给宝宝吃奶和其他辅食。

家长们不能错过的注意事项

①食物不要加盐，母乳或配方奶中含的钠已满足宝宝发育所需。

②家长们可根据孩子的作息时间，合理安排进食时间，如果宝宝在睡觉就不要打扰他了，等到宝宝睡醒再喂奶或吃辅食。

③如果宝宝一时间不接受辅食，可在辅食中添加一些奶；如果宝宝不排斥辅食，可以先喂完奶再喂一些辅食，以免影响奶的摄入量。

需要添加的食物是哪些

米粉打响首战

一开始，以 1:10 的比例调整米粉和水的使用量。浓度接近母乳，用汤匙舀起时，米糊容易往下流，就可以确定这个浓度比较适中了。根据孩子接受的程度逐渐调整米糊的浓度，当汤匙稍微倾斜时，汤匙上的米糊呈现半流动状态就可以了。

孩子适应米糊后，逐步增加新食材

如果孩子对于米糊表现出良好的消化吸收状态，就可以往米糊中添加蔬菜和水果。无论是水果还是蔬菜，无任何严格的顺序规范。一次只添加一种食品，每隔 3~5 日，添加一种新材料。

蔬菜汁、果汁、果泥

蔬菜汁、果汁和果泥是宝宝长牙之前补充维生素以及矿物质的良好食物来源。将蔬菜和水果打成汁或磨成泥，极容易消化，口感又好。

鸡蛋黄

鸡蛋是一种营养非常丰富的食物。蛋黄中含有非常丰富的维生素 A、维生素 B_2，还有镁、钙、磷等微量元素，对宝宝的视力、骨骼和大脑发育都非常有好处。

米粉

2002 年世界卫生组织提出，谷类食物应该是宝宝首先添加的辅食。

在谷类食物中，米粉既安全，又含有铁元素，比较适合作为宝宝的第一种辅食。

宝宝刚开始吃米粉时，可以调得稀一点儿，等宝宝逐渐适应以后再慢慢加稠。调米粉的水温在70~80℃。温度过高会破坏米粉中的营养成分，温度过低则容易结块，导致宝宝消化不良。

汤

肉汤、骨头汤或菜汤都很适合宝宝。工作繁忙的妈妈可以在周末的时候炖好一锅高汤，用饭盒分装好放入冰箱冷冻，用的时候拿一份出来就可以给宝宝做成菜汤或肉汤了。需要注意的是，在给宝宝添加辅食的初期，要把汤中的油脂撇掉，以免加重宝宝的肠胃负担。等宝宝大一些，就可以慢慢添加少量油脂了。

原味米粉

原 料 米粉1匙

做 法

1 取 1 匙米粉，放入碗中，加
　入适量温水。
2 用勺子按照顺时针方向搅拌
　成稀汤，或稍稠一些的糊。

菠菜水

原 料 菠菜50克

做 法

1 将洗净的菠菜切去根部，再切
　成小碎段，备用。
2 砂锅中注入适量清水烧开，放
　入切好的菠菜，拌匀。
3 加盖，烧开后用小火煮约 5 分
　钟至其营养成分析出，关火，
　将汁水装入杯中即可。

胡萝卜汁

原料　胡萝卜50克

做法

1 洗净的胡萝卜切小块，倒入破壁机中。

2 再注入适量纯净水，盖好盖子，选择"榨汁"功能，榨出胡萝卜汁。

3 断电后倒出胡萝卜汁，装入杯中即可。

胡萝卜水

原料　胡萝卜100克

做法

1 胡萝卜去皮，洗净切片。

2 把适量水煲滚，放入胡萝卜片，煲滚后慢火再煲1小时，滤去渣即可。

猕猴桃浆

原 料　猕猴桃果肉40克

做 法

1　猕猴桃果肉切小块，倒入破壁机中。
2　再注入适量纯净水，盖好盖子，选择"榨汁"功能，榨出果浆。
3　断电后倒出猕猴桃汁，装入杯中。

玉米汁

原 料　鲜玉米粒60克

做 法

1　取破壁机，倒入玉米粒和少许温开水，榨取汁水。
2　锅置火上，倒入玉米汁。
3　加盖，烧开后用中小火煮约3分钟至熟，揭盖，倒入杯中即可。

西瓜汁

原 料 西瓜80克

做 法

1 洗净去皮的西瓜切小块。
2 取破壁机，选择搅拌刀座组合，放入西瓜，加入少许纯净水。
3 盖上盖，选择"榨汁"功能，榨取西瓜汁，结束后断电，倒入杯中即可。

雪梨汁

原 料 雪梨80克

做 法

1 洗净去皮的雪梨切开，去核，把果肉切成小块，备用。
2 取破壁机，选择搅拌刀座组合，倒入雪梨块，注入适量纯净水，盖上盖。
3 选择"榨汁"功能，榨取汁水，断电后倒入杯中，撇去浮沫。

番茄汁

原 料 番茄80克

做 法

1 将番茄洗净，用沸水焯烫去皮，切碎，用清洁的双层纱布包好。

2 把番茄汁挤入小碗内，用温开水冲调即可。

苹果汁

原 料 苹果30克

做 法

1 苹果削皮，切成丁。

2 取破壁机，选择搅拌刀座组合，倒入苹果丁和少许纯净水，盖上盖。

3 选择"榨汁"功能，榨取苹果汁，断电后倒入碗中即可。

红枣苹果浆

原料 新鲜红枣20克，苹果30克

做法

1 将红枣和苹果洗净用开水略烫备用。
2 红枣倒入炖锅加水用微火炖至烂透，去皮去核。
3 将苹果切成两半，去皮去核，用小勺将果肉刮出泥，倒入红枣锅中略煮即可。

栗子奶糊

原料 板栗20克，配方奶150毫升

做法

1 栗子洗净，去壳去皮，上锅蒸熟，取出将其碾成泥。
2 做好的栗子泥倒入奶锅中，倒入配方奶。
3 开小火加热至浓稠，倒入碗中即可。

核桃杏仁糊

原料 杏仁10克，糯米粉10克，核桃仁10克

做法

1 杏仁、核桃仁、适量纯净水倒入破壁机中，盖上盖，打成坚果糊，倒入碗中。

2 砂锅中倒入清水，倒入糯米粉，煮开后倒入坚果糊。

3 加盖，调至大火煮2分钟至沸腾即可。

玉米奶糊

原料 玉米粒20克，配方奶150毫升

做法

1 洗净的玉米粒倒入破壁机中，加入适量纯净水将其打成玉米糊。

2 打好的玉米糊倒入奶锅中，倒入配方奶。

3 开小火加热至浓稠，倒入碗中即可。

7~8月龄，多尝试泥糊状食物

膳食餐次及食量安排

早上 7 点　母乳 / 配方奶

早上 10 点　母乳 / 配方奶

中午 12 点　各类糊状辅食

下午 3 点　母乳 / 配方奶

下午 6 点　各类糊状辅食

晚上 9 点　母乳 / 配方奶

共 6 次　母乳 / 配方奶 700~800 毫升

辅食 130~185 克

注：餐次和食量随宝宝实际情况按需调整

7个月要添加泥糊状辅食

7个月宝宝喂养重点仍然在于如何添加辅食。7个月宝宝的牙齿依然没有长全，因此，辅食还是以松软、易消化为主。可以吃稠一点的米粥、烂面条、馄饨，其中可以加些碎菜、蛋黄泥、鸡鱼肉沫，这样营养更丰富。要注意的是，有的宝宝对蛋类过敏，初次食用时，先从蛋黄泥开始，相比蛋清，蛋黄过敏的概率低。

7~8个月的宝宝进入对食物的敏感期，而且逐渐开始长牙，牙龈有痒痛的感觉，所以喜欢吃稍微有颗粒、粗糙些的辅食。应逐渐改变食物的质感和颗粒的大小，逐渐将半流质向泥糊状食物过渡，既缓解长牙的不适，又帮助出牙。

辅食的添加要点

增加辅食种类和数量

这个月龄宝宝的辅食以泥糊状食物为主,如肉泥、鱼泥、稀饭、豆腐、鸡蛋黄、馄饨、面条汤、熟香蕉等。以食物的多元化保证宝宝发育的需要。

如果再想给宝宝补充一些钙,建议给宝宝喂食一些排骨汤、鸡肉、牛奶类辅食。

食物的形态可从汤汁或糊状过渡至稍稠的糊状食物;五谷根茎类的食物种类,可以增加稀饭、面条等;纤维较粗的蔬果和太油腻、辛辣刺激的食物,仍然不适合喂宝宝吃。

喂食前,先试试食物的温度,别烫着宝宝了。添加辅食是宝宝锻炼吞咽和咀嚼能力的最好办法。经过一段时间的锻炼,宝宝就能顺利吞咽食物。

辅食时间安排

对于这个时期的宝宝,一天可以添加三次辅食,蛋类、豆类、鱼类、肉类、五谷类、蔬菜类及水果类都要摄入。要尽量使宝宝从一日三餐的辅食中摄取所需营养的2/3,其余1/3从奶中补充。辅食的形态应该以柔嫩、泥糊状为好。加喂辅食时间可安排在上午10时、下午2时和6时。这个月龄的宝宝每天奶量不少于700~800毫升。每日可安排4次奶、2餐饭、1次点心和水果,辅食的量可以逐渐加至2/3碗(6~7匙)。

为使牙齿坚固可给蔬菜棒

宝宝慢慢地要开始长牙了,宝宝可能会因为痒,变得非常想咬东西。

他会嘴巴靠着塑胶制的小杯子，咬杯口的边缘。当仔细观察能看到宝宝已经长出小小的白牙时，除了用餐外，可以给宝宝一些让他可以锻炼坚固牙齿的东西。蔬菜棒对宝宝咬的练习是不错的食物，但有时会不小心咬断而噎着。若给宝宝硬的芹菜或胡萝卜，家长则必须待在宝宝的身边看护。

家长们不能错过的注意事项

1 宝宝直接吞食食物没有咀嚼过程

宝宝已经7~8个月大了，但还是无法闭口咀嚼食物，而是直接吞食，面对这种情况，家长示范咀嚼食物的动作给宝宝看是最好的解决方法。家长在吃的同时告诉宝宝"嚼一嚼，很好吃哦"，让宝宝看着家长咀嚼时嘴巴的动作。这样，宝宝就会在模仿中慢慢学会咀嚼食物。同时，家长也要确认食物的柔软度。有时，宝宝无法咀嚼，还有可能是因为家长喂食的速度太快了。

2 宝宝食欲旺盛

对于7~8个月大的宝宝来说，有点胖的现象其实并不需要过分担心。宝宝的食欲是不稳定的。宝宝过了1岁后，运动量会增加，身体会变得较结实，自然就会变瘦。所以，要适当满足宝宝的食欲。只是宝宝的食谱要注意均衡饮食营养。

3 比同龄的孩子要瘦小

小孩子的成长方式各有不同。如果和别家的小孩比较起来，自家的宝宝较瘦，也不用过分担心。虽然现在长得比较小，也许在某段时间会突然长高长大。只要宝宝是健康地在成长就不用担心。

需要添加的食物是哪些

补钙的食物

奶及奶制品；豆及豆制品；去刺的鱼肉，去皮的虾；绿色蔬菜；海带、紫菜、发菜、芝麻、芝麻酱等。

补磷的食物

磷普遍存在于各种动、植物性食物中，瘦肉、鱼、禽、蛋、乳及其制品含磷丰富，是磷的重要食物来源。另外，坚果、海带、紫菜、油料种子、豆类食物含磷量也较高。只要食物中蛋白质、钙的含量充足，也就有充足的磷。谷类植物中的磷主要为植酸磷，其吸收率较低。

补铁的食物

动物肝、肾、血及红肉；豆类、木耳、芝麻酱；蛋黄等。但蛋黄中的高磷蛋白会干扰铁的吸收，因此补铁效果不是很好。

补锌的食物

牡蛎等贝壳类海产品、红色肉类、动物内脏（少量）；干果类、谷类胚类、麦麸、花生和花生酱；蛋类、豆芽和燕麦类等。

补碘的食物

碘含量高的食物是海产品，如海带、紫菜的碘含量都很高。或在给宝宝选择婴幼儿配方食品时可以选购含碘的产品，辅助宝宝补碘。

燕麦南瓜泥

原料　南瓜50克，燕麦片30克

做法

1 将去皮洗净的南瓜切成片；燕麦装入碗中，加入少许清水浸泡一会儿。

2 蒸锅置于旺火上烧开，放入南瓜、燕麦片，用中火蒸至食材熟透，取出。

3 取出蒸熟的南瓜装碗，加入燕麦搅拌成泥状，盛入另一个碗中即可。

三色水果泥

原料　哈密瓜20克，西红柿30克，香蕉20克

做法

1 将哈密瓜去籽，剁成泥糊状；洗好的西红柿剁成泥糊状；洗净的香蕉去除果皮，把果肉剁成泥。

2 取一个碗，倒入西红柿、香蕉、哈密瓜，搅拌均匀。

3 另取一碗，盛入拌好的水果泥。

炖鱼泥

原　料　龙利鱼肉50克，胡萝卜30克，高汤200毫升，葱花少许

调　料　橄榄油或核桃油适量

做 法

1 将洗净的胡萝卜切片，装入盘中；龙利鱼切片，装碗中，倒入少许高汤。

2 蒸锅上火烧开，放入鱼肉、胡萝卜，蒸至熟。将蒸熟的胡萝卜和鱼肉分别压碎并剁成泥糊。

3 锅中倒入高汤煮开，放入鱼肉、胡萝卜，拌匀，煮沸。

4 将锅中材料盛出，装入碗中，点入适量油，撒上葱花即可。

豌豆糊

经常食用豌豆对孩子的生长发育大有益处，且有防癌的作用。

原料 鲜豌豆50克，鸡汤200毫升

做法

1 汤锅中注入清水，倒入洗好的豌豆，煮15分钟至熟，捞出，沥干水分。

2 取破壁机，倒入豌豆，加适量鸡汤，榨成豌豆鸡汁，倒入碗中。

3 把剩下的鸡汤倒入汤锅中，加入豌豆鸡汁，拌匀煮沸。

4 盛出装入碗中即可。

小米胡萝卜泥

胡萝卜有健脾消食、降气止咳的作用，宝宝可适当食用一些。

原料 小米50克，胡萝卜50克

做法

1 将洗净的胡萝卜切成粒。

2 汤锅中加入清水、小米，煮至熟烂。

3 把胡萝卜放入烧开的蒸锅中，蒸10分钟至熟，取出。

4 取破壁机，把胡萝卜倒入杯中，倒入小米粥，打成泥，倒入碗中即可。

哈密瓜泥

原料　哈密瓜80克

做法

1 用汤匙挖取哈密瓜中心熟软的部分，放入破壁机中搅打成泥。

2 倒出果泥，用筛网过滤。

3 哈密瓜汁中加入适量冷开水，稀释即可食用。

鸡肝土豆糊

原料　土豆30克，净鸡肝20克

做法

1 将去皮洗净的土豆切小块。

2 蒸锅上火烧沸，放入装有土豆块和鸡肝的蒸盘，蒸约15分钟至食材熟透，取出，把土豆、鸡肝分别压成泥。

3 汤锅中注入清水烧热，倒入土豆泥、鸡肝泥，拌匀煮沸，盛出放在小碗中即可。

豆腐蛋黄泥

豆腐含蛋白质、大豆卵磷脂，有利于宝宝大脑的生长发育，防止口腔溃疡。

原 料　豆腐20克，蛋黄1/2个，葱末适量

做 法

1　豆腐洗净，放入开水中汆烫后，压成泥。

2　锅中注水烧热，放入鸡蛋，待鸡蛋煮熟后捞出，取出半个蛋黄磨成泥。

3　将豆腐泥和蛋黄泥倒入碗中，混合均匀。

4　加入适量葱末，搅拌均匀即可。

苹果泥

原料 苹果40克

做法

1 苹果洗净，去掉皮和核，研磨成泥。

2 在磨好的苹果泥中加入适量的温开水稀释，搅拌均匀后即可喂食。

蛋黄菠菜泥

原料 菠菜叶5片，蛋黄1/2个

做法

1 锅中注水烧开，放入菠菜，焯煮约1分钟，捞出，沥干水分后切碎末。

2 将鸡蛋打入碗中，取1/2蛋黄。

3 汤锅中注入清水烧热，倒入菠菜末，拌匀，煮沸，淋入蛋黄，煮至液面浮起蛋花，盛出煮好的食材，放在碗中即可。

9~10 月龄，提升食物的粗糙程度

膳食餐次及食量安排

早上 7 点　母乳 / 配方奶

早上 10 点　各类小颗粒状辅食

中午 12 点　各类小颗粒状辅食

下午 3 点　母乳 / 配方奶

下午 6 点　各类小颗粒状辅食

晚上 9 点　母乳 / 配方奶

共 6 次　母乳 / 配方奶 600~700 毫升

辅食 205~335 克

注：餐次和食量随宝宝实际情况按需调整

9个月要添加半固体状辅食

这阶段的宝宝大多已经开始长牙，消化能力也进一步提高，因此，可以吃一些半固体食物。

另外，宝宝三餐也可以定时了。妈妈可以准备一些果蔬牛奶的粥、羹来给宝宝吃，弥补母乳减少后维生素、钙的缺乏。

对于本阶段的宝宝，牙齿生长速度相对较快，宝宝已经可以开始吃面条、肉末、馒头等比较软的固体食物了。除了不能吃花生、瓜子等比较硬的食物外，大人们平时吃的东西都可以让宝宝逐渐尝试着吃。因为这个时期，宝宝已经长出几颗牙齿，并且胃肠功能已逐渐发育健全。如果此时继续给宝宝喂养过于精细的辅食，就会导致宝宝的咀嚼、吞咽功能得不到应有的训练，不利于牙齿萌出和正常排列，刺激不了宝宝的食欲，也不利于宝宝的味觉发育。

辅食的添加要点

如何判断给宝宝添加半固体食物

首先，宝宝要对食物产生兴趣，看见食物后拍手或表示开心，这说明宝宝已经从心里接受食物，并对食物有所期待。其次，宝宝进食后，可以独立咀嚼食物，并且顺利咽下，不会出现呕吐等现象。最后，家长要时刻观察宝宝进食后有无不适的症状，或大便性状是否正常。如果无任何异常现象出现，那么说明宝宝已经完全适应了半固体食物，家长完全可以逐步添加这类辅食了。

宝宝的奶和辅食的比例为 4 ∶ 6

宝宝的喂养已经可以开始从辅食变为主食，营养密度应该进一步增加，因为母乳已经无法满足宝宝所需的全部营养。因此，奶和辅食的比例逐渐变化为 4 ∶ 6。从这个时期开始，家长们要控制宝宝的进餐时间，以 20~30 分钟为限，在此期间要注意宝宝的营养平衡，更要做到均衡膳食。

香蕉可以作为软硬度标准

这个时期可以建立咬食的力量和方法。宝宝前方的牙齿已经长出，但后方的牙齿还没长出，此时可利用后方的牙龈来嚼碎食物后再吞食。食物太软或太硬的话，都不利于宝宝牙齿生长，所以这个时期的食物硬度是非常重要的。标准是以牙龈能嚼碎的硬度为准，约是香蕉的硬度。

如何添加辅食

这时期的宝宝建议每天喂三顿奶、三顿辅食。

第一顿在早上 7 点左右，添加奶粉；第二顿，在早上 10 点左右，早饭吃些辅食类；第三顿，就是在中午 12 点左右，午饭吃些辅食类；第四顿，在下午 3 点的时候，给宝宝喝些奶粉；第五顿，晚饭在 6 点左右，吃辅食类；第六顿，夜宵在晚 9 点左右，喝些奶粉就让宝宝睡觉了。

总之，早、中、晚三顿辅食以粥、烂饭、软面为主，奶粉作为点心。适量增加肉末、蔬菜之类的辅食。多给孩子吃新鲜的水果。

家长们不能错过的注意事项

有意识地给宝宝三餐定时

一般 9 个月的宝宝已长出 3~4 颗乳牙，同时具有一定的咀嚼能力和消化能力，这时除了早晚各喂一次母乳外，白天可逐渐停止母乳，同时在每天安排早、中、晚三餐辅食。这个时候，宝宝已经逐渐进入断奶后期。

进食的基本教育

这个时期的宝宝逐渐喜欢跟家人坐在餐桌前吃饭，但是要避免油炸、刺激、不易消化的食品，培养宝宝独立吃饭的能力。

用餐前，先用毛巾将宝宝的手和嘴四周擦干净，戴上围兜，母亲先对宝宝打个招呼说"吃饭了"，之后再喂他。

3 宝宝应该吃完饭再玩

当他开始玩时，就停止喂食吧。只要饿了他就会又想吃的。一个安静和谐的就餐环境也有利于宝宝专心地进食，减少能够分散宝宝注意力的事物能更有效地培养宝宝的餐桌礼仪。

4 宝宝挑食怎么办

家长们不必对这一现象过于紧张，或采取强制态度，造成宝宝的抵触情绪。宝宝对于新的食物，一般要经过舔、勉强接受、吐出、再喂、吞咽等过程，反复多次才能接受。父母应该耐心、少量、多次地喂食，并给予宝宝更多的鼓励和赞扬。

孩子的模仿能力强，对食物的喜好容易受家庭的影响。作为父母，更应以身作则，不挑食，不暴饮暴食，不过分吃零食。

5 不要用家长们嚼过的食物喂养宝宝

大人口腔中的一些病菌会通过咀嚼食物传染给宝宝。让宝宝自己咀嚼，可以刺激牙齿的生长，并反射性地引起胃内消化液的分泌，增进食欲，唾液也可因咀嚼而增加分泌量。

需要添加的食物是哪些

添加富含维生素 A 的食物

维生素 A 是构成视觉细胞中感受弱光的视紫红质的组成成分。缺乏维生素 A 可影响视紫红质的合成，导致暗光下的视力障碍，出现夜盲症或干眼症。

除此之外，宝宝如果体内缺乏维生素 A，会出现皮肤干燥、抵抗力下降等症状。另外，维生素 A 有助于巨噬细胞、T 细胞和抗体的产生，能增强宝宝抗御疾疾的能力。其对促进宝宝骨骼生长同样意义重大，当宝宝体内缺乏维生素 A 时，骨组织将会发生变性，牙齿发育缓慢。

补充 B 族维生素

维生素 B_1 的重要功能是调节体内糖代谢、促进胃肠蠕动、帮助消化、提高免疫力。维生素 B_1 广泛存在于天然食物中，最为丰富的来源是葵花籽、花生、瘦猪肉，其次为粗粮、全麦、燕麦等谷类食物。

维生素 B_2 又称核黄素，是宝宝健康成长所必需的维生素之一。维生素 B_2 摄入不足临床主要表现为唇干裂、口角炎、舌炎等。

维生素 B_6 是制造抗体和红细胞的必要物质，它可以帮助蛋白质的代谢和血红蛋白的构成，促进生成更多的血红细胞来为身体运送氧气。通常肉类、全谷类产品、蔬菜和坚果类中含量较高。

给宝宝准备一些带果皮的水果

果皮中维生素含量更为丰富，很多水果的精华部分都在其果皮中，例如苹果。在给宝宝食用前，家长要注意清洗干净，以免果皮上的细菌或者农药残留物损害宝宝的身体健康。

给孩子吃水果宜在饭后 2 小时或饭前 1 小时。吃水果后要告诉宝宝及时漱口，有些水果含有多种发酵糖类物质，对宝宝牙齿有较强的腐蚀性，食用后若不漱口，口腔中的水果残渣易造成龋齿。

添加有硬度的食物

给宝宝添加一些可以用手抓着吃的食物。对过敏体质的宝宝而言，海鲜类的食物需要谨慎添加，甲壳类食物，如虾、蟹等最好等到 1 岁以后再添加。

从稠粥转为软饭，从烂面条转为馄饨、包子、饺子、馒头片，从肉末、菜末转为碎菜、碎肉、小块的水果等。

核桃蔬菜粥

原料 胡萝卜30克、水发大米20克，豌豆10克，核桃粉15克，白芝麻少许

做法

1 洗好去皮的胡萝卜切段。
2 锅中注水烧开，倒入胡萝卜、豌豆煮至断生，捞出剁成末。
3 锅中注水烧开，倒入大米煮至熟软，倒入豌豆、胡萝卜、白芝麻煮熟，倒入核桃粉搅匀。

牛肉白菜汤饭

原料 牛肉20克，虾仁20克，胡萝卜、白菜碎各少许，米饭50克，海带汤300毫升

做法

1 锅中注水烧开，放入牛肉、虾仁，煮约10分钟至断生，捞出。
2 洗净的胡萝卜、牛肉切粒；洗净的白菜切碎；虾仁剁碎。
3 将海带汤、牛肉、虾仁、胡萝卜倒入砂锅，煮约10分钟，倒入米饭、白菜续煮约10分钟。

金枪鱼南瓜粥

原 料 金枪鱼肉30克，南瓜20克，秀珍菇15克，水发大米30克

做 法

1 洗净去皮的南瓜切粒状，洗好的秀珍菇切丝，洗净的金枪鱼肉切丁。

2 砂锅中注入清水烧开，倒入洗净的大米，煮约10分钟，倒入金枪鱼肉、南瓜、秀珍菇，拌匀，煮约25分钟至所有食材熟透，拌至粥浓稠，盛出煮好的南瓜粥即可。

茄子稀饭

原 料 茄子50克，牛肉20克，胡萝卜20克，洋葱10克，软饭50克

调 料 核桃油适量

做 法

1 蔬菜切粒，牛肉剁末。

2 锅中注水烧热，倒入牛肉末和蔬菜粒，煮至食材熟透。

3 倒入软饭搅拌均匀，煮20分钟至软烂，将稀饭盛入碗中，点入适量核桃油即可。

鲜鱼豆腐稀饭

鱼类对血液循环有利，是开胃滋补、健脑的佳品。

原 料 三文鱼肉30克，胡萝卜20克，豆腐15克，洋葱10克，杏鲍菇20克，稀饭90克，海带汤100毫升

做 法

1 蒸锅上火烧开，放入三文鱼肉，用中火蒸约10分钟至熟，取出放凉待用。

2 将洗净的胡萝卜切成粒，洗好的洋葱切成碎末。

3 将洗净的杏鲍菇切成粒，洗好的豆腐切小方块。

4 将放凉的三文鱼肉剁碎，备用。

5 砂锅中注水烧开，放入海带汤、三文鱼肉、杏鲍菇、胡萝卜、豆腐、洋葱稀饭、煮熟。

6 关火后盛出煮好的稀饭即可。

原料 虾仁30克，菠菜30克，秀珍菇20克，胡萝卜20克，软饭50克

鲜虾汤饭

做法

1 将洗净的菠菜切粒，洗净的秀珍菇剁成粒，洗净的胡萝卜切粒，洗净的虾仁剁成粒。

2 汤锅中加入清水烧开，放入胡萝卜、秀珍菇、软饭，拌匀，煮20分钟至食材软烂。

3 倒入虾仁、菠菜，拌匀。

4 把煮好的汤饭盛出，装碗中即可。

菠菜含有多种维生素和矿物质，对宝宝的发育极有好处。

土豆稀饭

没有食欲的宝宝，
坚持吃一段时间，
能促进身体健康，
且不易长胖。

原料　土豆20克，胡萝卜10克，菠菜20克，稀饭20克

调料　亚麻籽油少许

做法

1　锅中注水烧开，倒入菠菜拌匀，煮至变软，捞出，沥干水分。

2　把放凉的菠菜切碎；洗净去皮的土豆切成粒。

3　洗好的胡萝卜切片，再切细丝，改切成粒。

4　锅置于火上，倒入适量清水烧开。

5　放入土豆、胡萝卜，煮至软烂，倒入稀饭。

6　放入切好的菠菜，用大火略煮片刻，至食材熟透，点入亚麻籽油即可。

鸡肝面条

原料 鸡肝20克，面条30克，小白菜30克，蛋黄液少许

调料 大豆油适量

做法

1 将小白菜切碎，把面条折成段。

2 锅中注水烧开，放入鸡肝，煮5分钟至熟，捞出剁碎。

3 锅中注水烧开，放大豆油、面条，搅匀，煮5分钟至面条熟软，放入小白菜、鸡肝，拌匀煮沸，倒入蛋黄液，搅匀，把煮好的面条盛入碗中即可。

菠菜小银鱼面

原料 菠菜60克，鸡蛋黄1个，面条30克，水发银鱼干20克

调料 大豆油4毫升

做法

1 鸡蛋留取蛋黄搅散。

2 洗净的菠菜切段；面条折小段。

3 锅中注水烧开，放油、银鱼干，煮沸后倒入面条，煮熟。

4 倒入菠菜拌匀，煮至面汤沸腾。

5 倒入蛋黄液，续煮熟，盛出即可。

排骨汤面

原料 排骨130克，面条30克，小白菜、香菜各少许

调料 姜2片，橄榄油适量

做法

1 将香菜洗净切碎，小白菜洗净切段。

2 锅中注水，倒入排骨，加入姜片，煮30分钟，捞出排骨，留汤待用。

3 将面条折成段倒入排骨汤中，拌匀，煮5分钟至熟透，加入小白菜、橄榄油，拌匀，煮沸，盛入碗中，再放香菜。

鸡肉包菜汤

原 料 鸡胸肉20克，包菜30克，胡萝卜50克，高汤600毫升，豌豆10克

调 料 水淀粉适量

做 法

1 锅中注入清水烧热，放入鸡胸肉，煮约10分钟，捞出，沥干水分。

2 将放凉的鸡肉切粒，豌豆切碎，洗净的胡萝卜切粒，洗净的包菜切碎。

3 锅中加水烧开，倒入高汤、鸡肉、豌豆、胡萝卜、包菜，拌匀，煮约5分钟，加入水淀粉，拌匀，盛出即可。

胡萝卜豆腐泥

胡萝卜所含的营养丰富，是宝宝们营养早餐的不二选择。

原 料　胡萝卜60克，鸡蛋黄1个，豆腐50克

调 料　水淀粉3毫升

做 法

1. 鸡蛋黄倒入碗中，打散调匀；胡萝卜切丁；豆腐切小块。
2. 胡萝卜、豆腐放入蒸锅中蒸至完全熟透，取出。
3. 胡萝卜倒在砧板上，剁成泥；豆腐倒在砧板上压烂。
4. 锅中注水烧开，放入胡萝卜泥、豆腐泥、蛋黄液、水淀粉，拌匀。

❶

❷

❸

❹

11~12 月龄，慢慢加大辅食的量吧

膳食餐次及食量安排

早上 7 点　母乳 / 配方奶，加水果或其他辅食

早上 10 点　各类小块状辅食

中午 12 点　各类小块状辅食

下午 3 点　母乳 / 配方奶

下午 6 点　各类小块状辅食

晚上 9 点　母乳 / 配方奶

共 6 次　母乳 / 配方奶 600 毫升

辅食 230~385 克

注：餐次和食量随宝宝实际情况按需调整

11个月要添加固体状辅食

宝宝快1岁了，身体各方面都有了很大变化，这个时期的宝宝一日三餐可以吃丁块固体食物，以乳类为主渐渐过渡到以谷类食物为主，并逐步替代母乳，补充宝宝身体发育所需要的各种营养。

随着年龄增长，宝宝的食谱不仅食物种类逐渐增多，质地也逐渐变稠变干、颗粒逐渐变大。练习咀嚼有利于宝宝胃肠功能的发育，有利于唾液腺分泌，提高消化酶活性，促进消化、吸收。

现阶段，要注意营养均衡，让宝宝的食物丰富多样，引起食欲，妈妈需要时常更新宝宝的菜谱。主食除粥外，面条、小饺子、馄饨都可以给宝宝吃了。除了早、中、晚餐外，上午和午睡后可以给宝宝加一次点心。各种蔬菜都可以给宝宝尝试一下，与肉末、肉丁搭配的食物也多给宝宝吃。

此外，在食物的外形、烹调技术及方法上也应多下功夫，这样会更加刺激宝宝进食，食物摄入量就更大，可以促进宝宝的消化和吸收功能。要注意，1岁前的宝宝，尽量不要在辅食中添加盐，要做到清淡而有味。

辅食的添加要点

满足宝宝体内碘的需求

碘是人体不可缺少的一种微量元素，是人体内甲状腺激素的主要组成部分，甲状腺激素可以促进身体的生长发育，影响大脑皮质和交感神经的兴奋。因此，碘缺乏可影响宝宝脑发育，造成智力缺陷和体格发育不良。

如果发现宝宝出生后哭声无力、声音嘶哑、腹胀、不愿吃奶或吃奶时吸吮没劲、经常便秘、皮肤发凉、浮肿，以及皮肤长时间发黄不退，或当宝宝醒来时，手脚很少有动作或动作甚为缓慢，甚至过了几个月也不会抬头、翻身、爬坐，就应该高度重视宝宝是否有甲状腺低下的可能，应该及早到医院检查确诊。

补硒是关键

硒是人体内重要的微量元素，能调节人体免疫功能，同时保证心肌能量供给，改善心肌代谢，保护心脏。缺乏硒的宝宝，轻者容易厌食、不喜欢吃饭；重者抵抗力差、免疫力低下，影响生长发育。

硒对于维持视觉器官的功能极为重要。支配眼球活动的肌肉收缩、瞳孔的扩大和缩小，都需要硒的参与。硒也是机体内一种非特异性抗氧化剂的重要组成部分之一，而这种物质能清除体内的过氧化物和自由基，使眼睛免受伤害。硒还能增强宝宝的智力和记忆力，促进大脑的发育。因此，补硒应该从添加辅食做起。

少吃多餐

宝宝的胃很小，但对于热量和营养的需求相对大一些，不要给宝宝一餐吃太饱，最好的方法就是每天进食5~6次，适量就好。

如何添加辅食

应逐渐增加辅食的量，为断奶做准备，但每日饮奶量不应少于600毫升。

宝宝到11个月时，乳牙已经萌出5~7颗，有了一定的咀嚼能力，消化机能也有所增强，此时可以用代乳食品和奶粉喂养。

主食

母乳及其他（稠粥、鸡蛋、菜肉粥、菜泥、配方奶、豆浆、豆腐脑、面片、烂面条等）。

餐次及用量

母乳上午10时、晚9时各1次；上午7时，母乳或配方奶搭配稠粥或菜肉粥1小碗，菜泥3~4汤匙，鸡蛋黄0.5个；下午3时，母乳或配方奶搭配牛奶、豆浆或豆腐脑等，100克/次；晚6时，面片或烂面条1小碗。

辅助食物

以下辅食，家长也可变换着添加，目的以多样营养为主。

①水、果汁、水果泥等，任选1种，120克/次，上午7时。

②浓缩鱼肝油2次/日，3滴/次。

③各种蔬菜、肉末、肉汤、碎肉等，适量，下午6时。

④蛋类及其制品，可在下午3时添加，鸡蛋黄添加0.5个即可。

需要添加的食物是哪些

添加富含硒元素的食物

　　硒存在于很多食物中，含量较高的有鱼类（如金枪鱼、沙丁鱼等）、虾类等水产品，其次为动物的心、肾、肝等内脏。蔬菜中含硒量最高的为大蒜、芦笋、蘑菇，其次为花菜、西蓝花、洋葱、百合、豌豆、大白菜、南瓜、白萝卜、西红柿等。一般而言，人对植物中有机硒的利用率较高，可以达到70%~90%，而对动物食物中硒的利用率较低，只有50%左右。所以还是建议多吃蔬菜。

主食以谷类为主

　　每天吃米粥、软面条、麦片粥、软米饭或玉米粥中的其中一种，100~200克（2~4小碗）。此外，可以再给宝宝添加一些点心。

补充蛋白质和钙

　　配方奶是宝宝断奶后理想的蛋白质和钙质来源之一。断奶之后，除了给宝宝吃鱼、肉、蛋之外，配方奶一定要喝，同时吃一些高蛋白的食物，尽量控制在25~30克，比如鱼肉小半碗、肉糜小半碗、鸡蛋黄1个，或者豆腐小半碗。

水果、蔬菜不能少

　　把水果制作成果汁、果泥或果酱，也可以切小块。如苹果每天给宝宝吃半个到1个。同样，蔬菜每天都要吃，可以把蔬菜制成菜泥，或切成小段、小块煮烂，每天吃50~100克（小半碗），与主食一起吃。

莲藕丸子

原 料 莲藕20克，鸡肉泥50克，糯米粉10克

调 料 大豆油适量

做 法

1 洗净去皮的莲藕切成末。

2 将莲藕末装入碗中，放入鸡肉泥、糯米粉，搅拌成泥。

3 取盘子，淋上大豆油，抹匀，用手将肉泥挤成丸子，将丸子放入烧开的蒸锅，蒸10分钟至丸子熟透，取出即可。

口蘑蒸牛肉

原 料 牛肉30克，蘑菇20克，洋葱20克，鸡蛋黄1个，面包粉少许，洋葱汁5毫升

做 法

1 所有食材洗净，分别处理后切碎末。

2 蛋黄打散，加入所有切碎的食材、洋葱汁、面包粉搅拌均匀，做成圆球状，放入蒸锅中，蒸熟即可。

肉末茄泥

茄子有清热解暑的作用，小孩吃了可以补充营养。

原 料 鸡肉末40克，茄子50克，上海青少许

调 料 大豆油适量

做 法

1 洗净的茄子去皮，切条；洗好的上海青切粒。

2 把茄子放入烧开的蒸锅中蒸熟，取出放凉，剁成泥。

3 用油起锅，倒入鸡肉末炒熟。

4 放入上海青、茄子泥翻炒，盛出即可。

鱼肉馄饨汤

韭菜是天然良药，可促进宝宝胃肠道蠕动，还有杀菌消炎的功效，降低伤风感冒的概率。

原 料 鱼肉泥50克，馄饨皮6张，韭菜末、葱末各适量，海带高汤600毫升

做 法

1 鱼肉泥加韭菜末拌匀成馅料，包入馄饨皮中。

2 锅中加入高汤煮开后，放入包好的馄饨。

3 煮至馄饨浮起时，撒上葱末即可。

鸡肉玉米粥

原料 白米饭50克，鸡胸肉20克，玉米粒20克，海带高汤适量

做法

1 鸡胸肉、玉米粒洗净，入滚水氽烫，捞出切碎。

2 锅中放入海带高汤，大火煮开，再放入鸡胸肉、玉米粒和白米饭，熬煮至变软即可。

海带山药虾粥

原料 白米30克，山药30克，虾1只，葱花少许，海带高汤适量

做法

1 白米洗净，浸泡1小时；山药去皮、洗净，切小块；虾去壳，去泥肠、洗净，切小丁。

2 锅中放入白米和高汤熬煮成粥，再加入所有食材煮至熟软即可。

蒸豆腐丸子

豆腐含蛋白质、钙，适当给宝宝喂食有助于宝宝骨骼与牙齿的发育。

原 料 豆腐50克，蛋黄1个，葱末少许

调 料 亚麻籽油少许

做 法

1 豆腐洗净，压成豆腐泥；蛋黄打到碗里搅拌均匀。

2 豆腐泥加入蛋黄液、葱末、亚麻籽油拌匀，揉成豆腐丸子。

3 放入蒸锅中，蒸熟即可。

原料 金枪鱼肉40克，墨鱼泥10克，鸡蛋1个，葱花少许，面粉少许，高汤500毫升

做法

1 所有食材洗净，分别处理后切丁。

2 蛋打散，取蛋黄与金枪鱼肉、墨鱼泥、面粉搅拌均匀，揉成丸子状。

3 锅中放入高汤煮开，加入丸子。

4 煮熟后，撒上葱花即可。

金枪鱼丸子汤

金枪鱼含高蛋白，其中DHA 能增强记忆力，有利于宝宝脑部发育。

蔬菜脆片粥

原料 玉米片50克，胡萝卜20克，白花菜20克，配方奶80毫升

做法

1 胡萝卜和白花菜各洗净、切碎。

2 锅中注入清水烧热，倒入胡萝卜碎、白花菜碎，煮至熟软，捞出待用。

3 另起锅，倒入煮好的胡萝卜碎、白花菜碎、玉米片。

4 加入配方奶，边煮边搅拌，待玉米片熟软即可。

鸡肉包菜饭

原料 鸡胸肉50克，包菜30克，米饭20克，胡萝卜10克，豌豆5粒，水淀粉15毫升，高汤200毫升，食用油适量

做法

1 所有食材洗净，分别处理后切碎。

2 锅中放少许油烧热，放进包菜和胡萝卜炒软。

3 再倒入高汤熬煮，然后放入鸡肉、豌豆、米饭煮至熟软，最后放水淀粉勾芡即可。

1~1.5岁，能吃整个鸡蛋啦

膳食餐次及食量安排

早上 7 点　各类大块辅食

早上 10 点　母乳 / 配方奶，加水果或其他
　　　　　辅食

中午 12 点　各类大块状辅食

下午 3 点　母乳 / 配方奶，加水果或其他
　　　　　辅食

下午 6 点　各类大块状辅食

晚上 9 点　母乳 / 配方奶

共 6 次　　母乳 / 配方奶 400~500 毫升

　　　　　辅食 235~415 克

注：餐次和食量随宝宝实际情况按需调整

妈妈要注意的喂养难题

Q 怎么改掉孩子边玩边吃的坏习惯

A 孩子边吃边玩，很可能是因为不饿。如果零食吃得多，到吃饭时根本不饿，自然会影响正餐摄入量。所以，妈妈应严格控制孩子的零食量，特别是正餐前 1 小时绝对不能吃零食。吃饭时妈妈可以将孩子抱到大餐桌边和家里人一起吃饭，看到大家都在认真吃饭，小家伙也会学着认真吃饭了。为孩子营造良好的吃饭环境，孩子也可以好好吃饭。

如果孩子不好好吃饭，许多妈妈会追着孩子喂，结果反倒让孩子养成不好的进餐习惯。所以，如果孩子不主动吃东西，妈妈不妨饿孩子一顿，当孩子感觉饥饿时反倒会主动吃饭。如果担心孩子会饿，可以把下一顿饭提前一些。这样在下一顿饭的时候，孩子会因为有食欲，自然会好好吃饭。

Q 宝宝缺微量元素怎么补

A 针对儿童微量元素缺乏，有专家建议，不必刻意服用保健品补充，保证科学的饮食结构完全足以满足孩子体内必需的微量元素。各种食物中含有丰富的微量元素，因此一般注意合理饮食，就能够满足人体所需。

Q 宝宝不爱吃蔬菜怎么办

A 对于正在长牙的宝宝而言，食物的软硬程度会直接影响他的接受度。家长在选择蔬菜的时候可挑选瓜类，或将蔬菜切得很细，并依据宝宝的生长情况，调整食物的软硬度，这样还可以避免进食哽噎的危险。

如果从宝宝吃辅食开始，家长就慢慢添加蔬菜，宝宝自然会习惯蔬菜的味道及口感，这样也能减少日后他对蔬菜的抵触。

有些家长自己本身就偏食，不喜欢的食物就不准备或者不吃了，宝宝自然也会不接受。所以家长要改变宝宝，先要改变自己。

蔬菜中含有生长发育必需的营养素，让宝宝多吃蔬菜，使宝宝多获得一些对身体有益的营养。如果孩子不喜欢吃蔬菜不要强迫吃，可以换其他的品种，让孩子多尝试一下不同蔬菜的味道，从孩子喜欢的味道上打开突破口。

孩子通常喜欢外观漂亮的食物，家长也可以在蔬菜烹调方面多做些努力，比如把不同色彩的蔬菜搭配起来，将蔬菜摆成各种可爱的造型，还可以把蔬菜和肉一起裹在面皮里面，做成小包子、小饺子、小馄饨等带馅的食品，让孩子在吃蔬菜的时候得到乐趣。只要多想办法，孩子一定会喜欢上吃蔬菜的。

Q 如何培养孩子自己吃饭的习惯

A 在这个阶段，家长可以给宝宝一个碗和一把勺子，让宝宝自己吃饭，开始可能一餐也没吃到一勺饭，但宝宝会在慢慢学习中逐渐学会用勺子。不要因为怕宝宝弄脏衣裳而一直给宝宝喂饭，宝宝是有自己吃饭的能力的，我们只要为宝宝准备一个罩衣，问题就解决了。因为宝宝自己吃饭可以增加他对吃饭的兴趣而爱上吃饭。

Q 良好的饮食习惯怎样培养

A 孩子成长到一定阶段后，应该教他学会如何从家长喂饭吃过渡到主动地向家长要饭吃。孩子1岁后，表现出想靠自己吃东西的倾向，最好在这时对孩子进行饮食教育。一天要吃三顿饭，在固定的位置吃，不能挑食，均匀摄取营养，以及吃饭应遵守的礼节等都需要给孩子说清楚。

饮食营养同步指导

1 营养摄入要均衡

本阶段的幼儿牙齿陆续长出，摄入的食物也逐渐从以奶类为主转向以混合食物为主，而此时宝宝的消化系统尚未完全成熟，因此还不能完全给宝宝吃大人的食物，要根据宝宝的生理特点和营养需求，为他制作可口的食物，保证获得均衡的营养。

1岁半以前可以给宝宝三餐以外加两次零食，零食时间可在下午和夜间；1岁半以后减为三餐一点，点心时间可在下午。加点心时要注意，一是点心要适量，不能过多；二是时间不能距正餐太近，以免影响正餐食欲，更不能随意给宝宝零食。

2 不宜摄入含糖分较高的食物

这个阶段的幼儿一般都很喜欢糖分含量高的食物，比如果汁、甜点等。但是，幼儿如果摄入过量糖分，会导致很多健康问题。除了常见的肥胖问题之外，还容易导致牙齿和骨骼发育不良。因此，这个时期的幼儿不适宜摄入糖分较高的食物。

3 谷类及薯类食物

这类食物里面的碳水化合物含量高，要注意摄取的度。孩子过量摄取这类食物，碳水化合物会转化成脂肪，让孩子过于肥胖。如果缺乏这类食物，碳水化合物摄入过少，孩子又会全身无力、疲乏、营养不良。所以要控制好量与种类。

4 豆类及其制品

多吃蛋白质可以让孩子健脑益智，提高记忆力。豆类所含的蛋白质含量高、质量好，是最好的植物蛋白。假如担心孩子过于肥胖，又担心孩子营养会跟不上，可以用豆类及其制品代替一定的动物性食物。

5 动物性食物

需注意的是孩子不宜多吃动物肝肾。肝组织具有通透性高的特点，血液中大部分的有毒物都能进入肝脏。另外，肾和肝还含有特殊结合蛋白，能吸引毒素。因此，动物肝肾里的有毒物质和其他化学物质往往是肌肉中的好几倍。

6 蔬菜和水果

蔬果的表皮很容易有农药残留，处理的时候要注意清理干净。而且，水果从冰箱拿出来给孩子吃的时候，要注意检查水果温度对孩子来说是否太冷。因为孩子的抵抗力还不如大人，吃进冰冷的食物很容易引起腹泻、腹痛等问题。

7 油脂

让孩子摄取油脂是很有必要的。但油脂要适量摄取，也不能因为害怕孩子摄取太多油脂影响体内钙的吸收、引起肥胖，就拼命让孩子少吃油脂或者不吃油脂。

肉末包菜卷

多吃西红柿能清除宝宝体内的自由基，保护细胞，提高免疫力。

原料 兔肉末60克，包菜70克，西红柿75克，洋葱50克，蛋清40克，姜末少许

调料 盐0.5克，水淀粉适量，生粉、番茄酱、大豆油各少许

做法

1 锅中注水烧开，放入包菜煮软，捞出，沥干水分。

2 洗净的西红柿去皮，切碎；洗净的洋葱切成丁；包菜修整齐。

3 取一碗，放入西红柿、兔肉末、洋葱、姜末、盐、水淀粉，制成馅料。

4 蛋清中加生粉拌匀待用；取包菜，放入馅料，卷成卷，用蛋清封口，制成生坯。

5 蒸锅上火烧开，放入食材蒸约20分钟，取出。

6 用油起锅，加入番茄酱、清水、水淀粉搅匀，浇在包菜卷上。

原料 豆腐60克，西蓝花、鸡蛋、鲜香菇各25克，鸡胸肉30克，葱花少许

调料 盐1克，大豆油适量

做法

1 香菇切薄片；西蓝花切小朵；豆腐切小方块；鸡胸肉切丁，放碗中，加盐、大豆油，腌渍约10分钟；鸡蛋打入碗中调匀。

2 锅中注水烧开，放盐、大豆油，倒入西蓝花、豆腐焯煮，捞出。

3 用油起锅，倒入香菇片炒熟，倒入少许清水烧开，加盐，倒入鸡肉丁、豆腐块、西蓝花，大火煮沸，加入鸡蛋液，煮至食材熟透即可。

白玉金银汤

适当食用豆腐对孩子的牙齿、骨骼的生长发育颇为有益。

鱼肉蒸糕

原料 鲽鱼肉120克，洋葱30克，蛋清少许

调料 盐0.5克，生粉6克，亚麻籽油适量

做法

1 将洋葱洗净切段；鲽鱼肉切丁。

2 除亚麻籽油外，所有食材放入破壁机中打成泥。

3 盘子刷上亚麻籽油，倒入鱼肉泥抹平，蒸7分钟，取出切块。

蒸肉丸子

原料 土豆110克，牛肉末100克，蛋液少许

调料 盐0.5克，生粉适量，核桃油少许

做法

1 洗净的土豆去皮切片，蒸熟软，取出放凉，压成泥。

2 取碗，倒入牛肉末、盐、蛋液、土豆泥、生粉、核桃油，拌匀，做成数个丸子，放入蒸盘，蒸约10分钟至食材熟透。

牛肉猪肝泥

猪肝中富含蛋白质、卵磷脂和微量元素，有利于儿童发育。

原 料　猪肝45克，牛肉60克

调 料　盐少许

做法

1 洗好的牛肉剁成肉末，处理干净的猪肝剁碎。

2 取蒸碗，加入清水、猪肝、牛肉、盐，拌匀。

3 将蒸碗放入烧开的蒸锅中，蒸约15分钟至其熟透。

4 取出蒸碗，搅拌，另取一碗，倒入蒸好的牛肉猪肝泥即可。

猪肝炒花菜

猪肝中含有的维生素A含量极为丰富，能有效防治宝宝夜盲症。

原 料 猪肝25克，花菜100克，胡萝卜1/4根，姜片、蒜末、葱段各少许

调 料 盐0.5克，水淀粉、大豆油各适量

做 法

1 将洗净的花菜切成小朵；洗好的胡萝卜切片。

2 将洗好的猪肝切成小片。

3 把猪肝片放入碗中，加入盐、大豆油腌渍入味。

4 锅中注水烧开，放入盐、大豆油、花菜，煮至食材断生后捞出。

5 用油起锅，放胡萝卜片、姜片、蒜末、葱段爆香，倒入猪肝、花菜炒匀。

6 淋入水淀粉，炒匀，盛出炒好的菜肴即可。

牛奶面包粥

原料 面包55克，牛奶120毫升

做法

1 面包切细条形，再切成丁，备用。

2 砂锅中倒入备好的牛奶，煮至温热后倒入面包丁，搅拌匀，煮至变软。

3 关火后立即盛出煮好的面包粥即可。

鸡肉口蘑稀饭

原料 鸡胸肉50克，口蘑20克，上海青30克，米饭100克，鸡汤500毫升

做法

1 口蘑洗净切小块；上海青切丁；洗净的鸡胸肉切丁。

2 砂锅置于火上，倒入鸡胸肉，炒匀，放入口蘑、鸡汤、米饭，炒匀，煮约20分钟。

3 放入上海青，拌匀，煮约3分钟至食材熟透，盛出煮好的稀饭即可。

海鲜炖饭

鱿鱼中的钙、磷、铁元素，对宝宝的骨骼发育和造血功能十分有益。

原料 鱿鱼30克，虾仁35克，蛤蜊肉25克，小番茄4颗，洋葱20克，黄瓜25克，水发大米50克，黄油10克，高汤适量

做法

1 小番茄切成粒；黄瓜切小丁块；洋葱切成丁；鱿鱼切成小丁块。

2 将砂锅置于火上，倒入黄油煮至化开，放入鱿鱼、虾仁、蛤蜊肉，炒匀。

3 放入洋葱、大米、高汤、小番茄、黄瓜，炒匀，煮至食材熟透。

4 关火后盛出煮好的米饭即可。

1.5~3 岁，尝试像大人一样吃饭

膳食餐次及食量安排

早上 7 点　各类大块辅食

早上 10 点　母乳 / 配方奶，加水果或其他
　　　　　辅食

中午 12 点　各类大块状辅食

下午 3 点　母乳 / 配方奶，加水果或其他
　　　　　辅食

下午 6 点　各类小块状辅食

晚上 9 点　母乳 / 配方奶

共 6 次　　母乳 / 配方奶 300~400 毫升

　　　　　辅食 405~550 克

注：餐次和食量随宝宝实际情况按需调整

妈妈要注意的喂养难题

Q 为什么给孩子食补较为健康

A　　一旦确认诊断孩子缺乏某种营养素，应在医生的指导下进行相应的补充。饮食不均衡是孩子缺乏微量元素的重要原因，在无明显症状时，家长们可以调整孩子的饮食结构，给孩子食补。缺铁可多食用瘦肉、动物肝脏、菠菜等。缺锌可以多食用动物肝脏、鱼类、肉类等。大量摄入纤维食物会影响铁、锌等微量元素的吸收，家长们应该尽量避免只给孩子吃粗粮。谷物、豆类和坚果中含有植酸，可与很多微量元素形成不溶螯合物，会影响人体对微量元素的吸收。食用高纤维、高植酸食物时，适当摄入动物蛋白，可提高微量元素的利用率。

　　微量元素虽然对人体非常重要，补充过量反而会危害健康，因此，如果没有到严重缺乏的地步，食补即可。如果检查出孩子严重缺乏某种微量元素，应在医生指导下正确补充，切不可私自给孩子服用补充剂。一般来说，只要给孩子吃的食物种类丰富，营养均衡，并不需要额外补充微量元素。

Q 宝宝营养不良吃什么

A　　营养不良一般是因为平时摄入的蛋白质等物质缺乏，因此，小孩营养不良应该多吃富含蛋白质、维生素、钙和磷的食物。

　　比如吃早餐的时候，可以在主食里面放些红枣等滋补类的食物。午餐的时候吃一些以杂粮、奶、蔬菜、鱼、肉、蛋、豆腐为主的混合食物。

平常也要让孩子多吃各种蔬菜、水果、海产品，为孩子提供足够的维生素和矿物质，达到营养均衡的目的。

Q 宝宝为什么胃口不好

A 胃口不好的原因是多方面的，最常见的是饮食行为不合理造成的。有的孩子娇生惯养，想吃就吃，随心所欲。家长如果没有及时纠正，长此以往，孩子的消化功能受到影响，导致营养摄入不足，出现营养不良，加重孩子胃口不好，导致恶性循环。

因此，家长应及时调整教育方式，纠正孩子偏食、挑食等不好的饮食习惯，及时改变孩子边玩边吃的坏毛病，帮助孩子养成定时进餐、专心吃饭的良好习惯。

胃口不好较少见的原因是患有消化系统疾病、慢性消化性疾病、缺锌或患有其他疾病如营养性缺铁性贫血等。假如因病引起，家长应尽早带宝宝去医院进行检查治疗。

Q 为什么宝宝吃水果要从果汁开始

A 果汁可以补充人体所需的营养，比如维生素C、膳食纤维等，适当喝一些果汁可以帮助宝宝消化、润肠道。

果汁最好自制，做之前要将双手彻底洗净，食具、碗、匙、奶瓶等必须彻底煮沸消毒。果汁可选用新鲜的橘子、桃子、葡萄、西红柿、西瓜等多汁水果。每次制作要适量，以免遭污染或变质。

Q 宝宝为什么会磨牙

A 其实磨牙这种行为大多数孩子都会发生，因此家长必须重视但不需要过度紧张。磨牙有两种可能，一种是正常磨牙，还有一种是异常磨牙。

所谓正常磨牙，是孩子白天玩耍得过于兴奋，或为一些事情而非常焦虑和紧张，这样在他们入睡后，大脑皮层则会处于兴奋的状态。

　　所谓异常磨牙，主要有两种：一种是身体处于亚健康状态，首先是肚子里有寄生虫，夜间这些寄生虫的活动刺激着肠道蠕动，导致孩子磨牙；其次是孩子出现了口腔问题，比如说龋齿、牙周炎，或者是错颌等现象都会造成孩子磨牙现象的发生。另一种是不良的生活习惯导致孩子夜间磨牙，比如说饮食不规律，导致胃肠道因超负荷的工作，引起了面部肌肉的自发性收缩，出现磨牙的现象。

Q A 用什么方法烹调食物最适宜现阶段的孩子

1 尽量最大限度地留住食物的营养

　　比如，蔬菜洗了之后再开切，能手撕的话最好用手撕，而且最好清蒸或者慢火煮，这样蔬菜里面的维生素 C 损失少。又比如，水果吃时再削皮，防止水溶性维生素溶解在水中，或者在空气中氧化。

2 不要像以前一样将食物捣烂或者捣得太碎，破坏食物的嚼劲

　　为了让孩子牙齿和身体得到适宜的发育，这时期给孩子做食物的时候不要捣烂或捣得太碎，应该按照孩子的实际情况，适当地撕小块一点儿，大小和软硬程度都要能让该阶段孩子的牙齿和肠胃接受。

3 尽量用蒸和煮的方式料理宝宝的食物

　　蒸和煮这两种方式通常比较温和，营养又比较容易被人体吸收，因此对正处于牙齿发育期的孩子仍然是很适宜的料理方式。

饮食营养同步指导

1 粗细搭配要合理

日常人们摄入的粮食大体分为粗、细两种。粗粮指玉米、小米、高粱、豆类等，细粮指精制的大米及面粉。

2~3 周岁的幼儿仍处于快速生长发育期，在这期间，保证饮食平衡合理对健康成长至关重要。

食物经过精细加工后会失去多种营养成分，容易造成营养成分单一，这与幼儿成长对营养多样化的要求不相符合。

此外，因为粗粮中含有很多膳食纤维，饮食的粗细搭配可以有效促进胃肠的蠕动，加速新陈代谢，促进大肠对营养物质的吸收，继而预防便秘。所以，幼儿饮食必须要注意粗细搭配。

2 要补充维生素 A_1

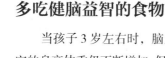

维生素 A_1 缺乏症是由于缺乏维生素 A_1 引起的凝血障碍性疾病。如果孩子患病，可能会流血不止、抽搐、脑水肿，严重者甚至导致死亡或留下神经系统后遗症。维生素 A_1 主要的食物来源为胡萝卜、黄瓜、菠菜、洋葱、哈密瓜等。

3 多吃健脑益智的食物

当孩子 3 岁左右时，脑发育达到一个高峰。虽然宝宝的身高体重仍不断增加，但脑重量的增加已很缓慢了。

宝宝 0~2 岁时脑重快速增长，刚出生的宝宝脑重量为成人的 25%，2~4 岁时脑重量达到成人的 80%，4~7 岁时脑重量即可达到成人的 90%。因此，在这个阶段，家长应该给孩子多补充健脑益智的食物，为孩子大脑的快速发育提供能量。

蛋白质

蛋白质提供的氨基酸可影响神经传导物质的制造。

卵磷脂

卵磷脂质与细胞膜的生成有关，是一种帮助人体制造脑部神经信息传导物质的重要成分。

多吃鱼肉

鱼肉富含优质蛋白，且易被人体吸收，对于发育阶段的宝宝来说，机体对蛋白质的需求较多，可通过鱼肉补充。深海鱼类的脂肪中 DHA 含量是陆地动植物脂肪的 2.5~100 倍，对大脑发育大有裨益。经常吃鱼，特别是常吃海鱼就可以获得充足的"脑黄金"。

碳水化合物

如果血糖过低，脑细胞就会因为能源不足而失去正常功能。

油脂类物质

脑部的 60% 是脂肪结构，而不饱和脂肪酸是帮助脑细胞膜发育及形成脑细胞、脑神经纤维与视网膜的重要营养素。

这些营养元素，都可以从日常的食材中获得。例如，粮豆（黄豆、小麦等）、肉（鸡肉、鱼肉、牛肉等）、水果（苹果、火龙果等）、蔬菜（黄花菜、白菜等）、坚果等，都有健脑益智的作用。

一日三次正餐 二次辅助添加

一般每天安排五次进食，每餐间隔 2.5~3.5 小时，早、中、晚三次正餐，上、下午各添加一次点心或者水果。每次用餐时间在 20~30 分钟，记得也要跟正餐一样，好好吃。

家长们不能错过的注意事项

（1）试着让孩子自主挑粮食。既可有意识地继续锻炼孩子的动手能力，也可锻炼孩子各肢体的灵活性。

（2）尽量避免带色素的食物或饮料。

（3）孩子不适应时要立刻停止吃这种食品。

（4）如果在喂食的时候，孩子表现出拒绝这种食物，家长们应该检查孩子对此食物是否过敏。

（5）让孩子渐渐学会适量进餐。

苹果椰奶汁

苹果含有维生素、磷、铁等营养成分，有生津止渴的功效。

原料 苹果70克，牛奶150毫升，椰奶100毫升

调料 水淀粉3毫升

做法

1 洗净去皮的苹果切开，去除果核，切成小块，备用。

2 取榨汁机，选择搅拌刀座组合，倒入苹果，加入牛奶、椰汁。

3 盖上盖，选择"榨汁"功能，开始榨取汁水。

4 断电后倒出汁水，装入杯中即可。

❶

❷

❸

❹

裙带菜鸭血汤

原料 鸭血80克，圣女果40克，裙带菜50克，姜末、葱花各少许

调料 盐0.5克，大豆油适量

做法

1 将洗净的圣女果切小块；裙带菜切丝；鸭血切小块。

2 锅中注水烧开，倒入鸭血，煮断生后捞出，沥干水分。

3 用油起锅，放入姜末爆香，倒入圣女果、裙带菜丝炒匀，加适量清水。

4 加盐，煮沸后倒鸭血块，续煮约2分钟至全部食材熟透，关火后盛入碗中，撒上葱花即可。

三文鱼泥

三文鱼能促进机体对钙的吸收利用，有助于宝宝生长发育。

原 料　鲜三文鱼肉120克

调 料　盐少许

做 法

1　蒸锅上火烧开，放入三文鱼肉。

2　盖上锅盖，用中火蒸约15分钟至熟。

3　揭开锅盖，取出三文鱼，放凉待用。

4　取一个干净的大碗，放入三文鱼肉，压成小碎块。

5　加入少许盐，搅拌均匀至其入味。

6　另取一个干净的小碗，盛入拌好的三文鱼即可。

莲子红豆米糊

原料 水发大米30克，水发红豆20克，水发百合15克，水发莲子10克

做法

1 取豆浆机，倒入洗净的大米、红豆、莲子、百合，注入清水。
2 选择"五谷"程序，待豆浆机运转约40分钟，即可成米糊。
3 倒出米糊，装碗中，待稍微放凉后即可食用。

芋头豆腐汤

原料 芋头50克，豆腐80克，菠菜叶少许

调料 盐0.5克

做法

1 豆腐切小方块，洗净去皮的芋头切厚片，改切成丁。
2 锅中注入清水烧开，倒入芋头、豆腐煮熟。
3 加入盐、菠菜叶，拌匀，拌煮至断生，盛出装入碗中即可。

彩蔬蒸蛋

原料 鸡蛋2个，玉米粒45克，豌豆25克，胡萝卜30克，香菇15克

调料 盐0.5克，大豆油少许

做法

1 洗净的香菇、胡萝卜切丁。
2 锅中注水烧开，加盐、大豆油，倒入蔬菜煮至断生。
3 取一碗，打入鸡蛋，加盐、水，拌匀，放入蒸盘，加入煮好的蔬菜，蒸熟。

香菜冬瓜粥

原料 水发大米50克，冬瓜30克，香菜15克

调料 盐0.5克

做法

1 冬瓜切丁；香菜切小段。
2 砂锅中注入清水烧热，倒入大米、冬瓜、香菜梗，拌匀。
3 煮约30分钟至大米熟软，撒上香菜叶，拌匀，盛出即可。

什锦炒软饭

孩子食用香菇，
能预防因缺乏维
生素D而引起的
佝偻病。

原 料 西红柿30克，鲜香菇25克，鸡肉末20
克，软饭100克，葱花少许

调 料 盐少许，大豆油适量

做 法

1 将洗净的西红柿切成丁，洗净的香菇切小
  丁块。

2 用油起锅，倒入肉末炒变色，放入西红柿、
  香菇炒匀。

3 倒入备好的软饭炒散，撒上葱花炒出葱
  香味。

4 加入盐调味，盛出装在碗中即可。

培根炒软饭

原料 培根45克，胡萝卜20克，米饭100克，葱花少许

调料 盐少许，生抽2毫升，食用油适量

做法

1 洗净的胡萝卜切丁，培根切粒。
2 锅中注水烧开，放入油、胡萝卜，煮至食材断生，捞出。
3 用油起锅，放入培根、胡萝卜炒匀，倒入米饭，加生抽、盐，炒匀，加入葱花，炒匀，盛出即可。

清蒸红薯

原料 红薯150克

做法

1 洗净去皮的红薯切滚刀块，装入蒸盘中。
2 蒸锅上火烧开，放入蒸盘，蒸约15分钟，至红薯熟透。
3 取出蒸好的红薯，待稍微放凉后即可食用。

南瓜馒头

原料 熟南瓜200克，低筋面粉500克，酵母5克

调料 大豆油适量

做法

1 将面粉、酵母混匀，用刮板开窝，放入熟南瓜拌至南瓜成泥状。分数次加水，制成南瓜面团，放入保鲜袋中静置约10分钟。

2 南瓜面团搓成长条形，切成数个剂子，即为馒头生坯。

3 取蒸盘，刷上一层大豆油，摆上馒头生坯，放入蒸锅，静置约1小时使生坯发酵、膨胀。打开火，水烧开后再用大火蒸约10分钟，至食材熟透。

4 关火后揭盖，取出蒸好的南瓜馒头，放在盘中即可。

南瓜中含有丰富的锌，是孩子生长发育的重要物质之一。

添加功能性辅食，
长高益智不生病

宝宝在成长过程中需要各种营养素，全面的营养素对体格的发育、智力的提升等各方面都有好处。

排骨中富含铁、锌等微量元素，孩子吃了可以强健筋骨。

京都排骨

原料 排骨350克，蒜片30克，姜片20克，葱碎20克

调料 五香粉10克，生粉30克，番茄酱30克，盐、白糖各2克，鸡粉3克，水淀粉4毫升，生抽5毫升，陈醋4毫升，胡椒粉、大豆油各适量

做法

1 排骨装碗，加盐、生抽，再加入鸡粉、胡椒粉、五香粉。

2 倒入蒜片、姜片、葱碎，搅拌匀，撒上生粉，拌匀，腌渍30分钟。

3 热锅注油，烧至七成热，倒入排骨炸熟，捞出，沥干油分，待用。

4 取一个碗，注水，放入生抽、陈醋、盐、鸡粉，再放入白糖、番茄酱、水淀粉，搅拌匀，制成酱汁。

5 将酱汁倒入锅中，翻炒加热。

6 再倒入炸好的排骨，搅拌匀，使排骨裹上酱汁，盛出，摆上装饰即可。

豆皮炒青菜

原 料 豆皮30克，上海青75克

调 料 盐1克，鸡粉少许，生抽2毫升，水淀粉2毫升，食用油适量

做 法

1 将豆皮、上海青切成小块。

2 豆皮炸至酥脆，捞出待用。

3 锅底留油，倒上海青，加盐、鸡粉翻炒，下入豆皮炒匀。

4 淋入少许生抽，翻炒至豆皮松软，倒入水淀粉勾芡，装盘即可。

鳕鱼片

原 料 鳕鱼150克，鸡蛋1个，葱花适量

调 料 醋、生抽、姜汁、食用油、淀粉、水淀粉各适量

做 法

1 鳕鱼切片，用蛋黄、干淀粉浆好。

2 油锅烧热，下入鱼片炸透，捞出。

3 锅内加清水，倒入姜汁、醋、生抽，放入鱼片，用水淀粉勾芡，盛出撒上葱花。

补铁

香菇烧豆腐

豆腐含有块，、所含人体必需的多种微量元素，在造血功能中可增加血液中铁的含量。

原　料　豆腐60克，鲜香菇50克

调　料　大豆油、盐、水淀粉各少许

做　法

1　鲜香菇去蒂切片，焯煮片刻，捞出。

2　豆腐切成小方块，焯煮片刻，捞出。

3　锅中倒入大豆油烧热，加入豆腐块煸炒一会儿。

4　放入香菇片和适量清水、盐。

5　大火烧5分钟，用水淀粉勾芡即可。

虾味鸡

原料　虾70克，净鸡肉100克

调料　盐2克，食用油、淀粉
各适量

做法

1 虾去壳，去虾线，剁成碎末，
用盐、料酒腌制片刻。
2 鸡肉加盐腌制片刻，上淀粉，
将虾末抹于鸡肉表层。
3 锅中注油烧热，放入鸡块炸
至两面金黄后捞出，切成块
状即可。

肉末炒芹菜

原料　牛肉100克，芹菜80克，
葱、姜各适量

调料　大豆油、生抽、盐各适量

做法

1 牛肉剁成末，葱、姜切成末。
2 芹菜去根、叶，切末，焯水，捞出。
3 锅置火上，倒入大豆油，放入
葱姜末炒出香味，放入肉末翻
炒几下，加入生抽、盐炒匀，
再加入芹菜炒熟即可。

原料 大米、小白菜各50克，鸡肉30克，葱末、姜末各适量

调料 生抽、盐、核桃油各适量

做法

1 大米洗净；鸡肉、小白菜分别洗净，剁成末。

2 锅内放入适量大米和清水，大火烧沸，改用小火熬煮。

3 油锅烧热，放入鸡肉末翻炒。

4 加入葱末、姜末、生抽、盐翻炒。

5 放入青菜末翻炒片刻，用盘子盛出，待用。

6 将炒好的青菜肉末放入米粥中同煮约10分钟，盛出即可。

鸡肉青菜粥

大米入锅前用清水浸泡，可缩短煮粥时间。

蒸白萝卜肉卷

白萝卜富含维生素C和锌，可以增强宝宝的免疫力，促进大脑发育。

原 料 白萝卜片150克，肉末50克，蒜末5克，姜末3克

调 料 盐0.5克，生抽5毫升

做 法

1 锅中注水烧开，放白萝卜片，煮至变软，捞出，沥干水分，放凉。

2 把肉末装碗，淋上生抽，加盐、蒜末、姜末，拌匀，制成馅料。

3 取萝卜片，放上馅料，包紧，用牙签固定住，制成肉卷，放在蒸盘中。

4 把蒸盘放入电蒸锅，蒸约15分钟，断电，取出即可。

金银花萝卜汤

原料 金银花5克，菊花3克，白萝卜150克

调料 盐、食用油各适量

做法

1 去皮的白萝卜切片。

2 锅中注水烧开，倒入金银花、菊花、白萝卜，小火煮15分钟。

3 揭开盖，放入少许盐，搅拌均匀，至食材入味，淋入食用油，略搅片刻盛出即可。

葱白姜汤

原料 姜片10克，葱白20克

调料 红糖少许

做法

1 砂锅中注入适量清水烧热。

2 倒入备好的姜片、葱白，拌匀。

3 加盖，烧开后用小火煮约20分钟。

4 放入红糖，搅拌匀即可。

鸭肉干贝粥

干贝含谷氨酸，
鲜甜的味道可以
帮助病后的宝宝
快速恢复元气。

原 料 鸭肉20克，干贝8克，大米50克，葱末适量

调 料 盐适量

做 法

1 鸭肉洗净，剁泥；干贝用清水泡发。

2 锅中注入适量清水烧沸，倒入洗净的大米。

3 加盖，大火煮沸后转小火煮30分钟。

4 加入鸭肉、干贝，搅拌均匀，用小火续煮10分钟。

5 加入盐，搅拌均匀，煮至食材入味。

6 关火盛出后，撒上适量葱末即可。

咳嗽

雪梨枇杷汁

原 料 雪梨200克，枇杷30克

做 法

1 洗净的枇杷切去头尾，去皮，把果肉切开，去核，将果肉切成小块。

2 洗好去皮的雪梨切开，切成小瓣，去核，把果肉切成小块，备用。

3 取榨汁机，倒入切好的雪梨、枇杷。

4 注入适量矿泉水，加盖，榨取果汁，榨好倒入杯中即可。

银耳炖雪梨

原 料 罗汉果20克，雪梨80克，枸杞5克，水发银耳120克

调 料 冰糖20克

做 法

1 洗好的银耳、梨切小块。

2 锅中注水烧开，放入食材，烧开后用小火炖20分钟，至食材熟透后放入冰糖。

3 拌匀，略煮片刻，至冰糖溶化。

薏米绿豆百合粥

原料　水发绿豆100克，水发薏米30克，鲜百合20克

调料　冰糖适量

做法

1　砂锅中注水烧热，倒入绿豆、薏米烧开，转小火煮约40分钟。

2　揭开盖，倒入百合，拌匀，用中火煮至熟软。加入冰糖，煮至溶化。

3　关火后盛出煮好的粥即可。

绿豆雪梨粥

原料　绿豆20克，大米50克，雪梨30克

调料　冰糖适量

做法

1　雪梨去皮切开，去核，切丁。

2　锅中注水烧开，放入绿豆、大米，烧开后用小火煮30分钟。

3　盖上盖，倒入雪梨，加入冰糖，煮至溶化。搅拌片刻，使食材味道均匀。

4　关火后将粥装入碗中即可。

西芹丝瓜胡萝卜汤

原料 丝瓜、胡萝卜各50克，西芹30克，瘦肉20克，冬瓜60克，香菇25克

调料 盐、核桃油各适量

做法

1 冬瓜、胡萝卜、香菇切小块，丝瓜切滚刀块，西芹斜刀切段，瘦肉切丁。

2 瘦肉丁汆煮去除血渍，捞出。

3 锅中注水烧开，倒入瘦肉丁、香菇、胡萝卜、冬瓜、西芹。

4 放入丝瓜，加入盐，淋入核桃油拌匀即可。

土豆鸡蛋饼

原料 土豆70克，鸡蛋液35克，面粉110克，葱花少许

调料 盐1克，食用油适量

做法

1 土豆切碎，鸡蛋液打散，待用。

2 取一碗，倒入土豆、面粉、鸡蛋液、葱花、盐，加水制成面糊。

3 用平底锅将面糊煎至两面微黄，取出切成三角形状即可。

丝瓜鱼肉粥

食用比较好消化的食物，不会给宝宝的肠胃造成负担。

原 料 丝瓜30克，龙利鱼60克，水发大米50克

调 料 盐0.5克

做 法

1 丝瓜去皮切粒；龙利鱼剁成肉末。

2 锅中注水，用大火烧热。倒入水发好的大米，拌匀，用小火煮30分钟至大米熟烂。

3 揭盖，倒入鱼肉，拌匀，放入切好的丝瓜，拌匀煮沸。

4 加入适量盐，用锅勺拌匀调味，煮沸。

5 将煮好的粥盛出，装入碗中即可。